U0155679

# 二进制改变世界：

# 数字群英
# 与科技秘史

ZEROES

&

ONES

[澳]克里斯蒂·伯恩 / 著

空桐 / 译

贵州出版集团
贵州人民出版社

著作权合同登记号 图字：22-2022-113 号

图书在版编目（CIP）数据

　二进制改变世界：数字群英与科技秘史 /（澳）克
里斯蒂·伯恩著；空桐译 . -- 贵阳：贵州人民出版社，
2024.1
　ISBN 978-7-221-17451-2

　Ⅰ . ①二… Ⅱ . ①克… ②空… Ⅲ . ①电子计算机 -
技术史 - 世界 - 青少年读物 Ⅳ . ① TP3-091

中国版本图书馆 CIP 数据核字 (2022) 第 206717 号

ERJINZHI GAIBIAN SHIJIE: SHUZI QUNYING YU KEJI MISHI
二进制改变世界：数字群英与科技秘史
[ 澳 ] 克里斯蒂·伯恩 / 著
空桐 / 译

选题策划　　轻读文库　　　出 版 人　　朱文迅
责任编辑　　程林骁　　　　特约编辑　　靳佳奇

出　　版　　贵州出版集团　贵州人民出版社
地　　址　　贵州省贵阳市观山湖区会展东路 SOHO 办公区 A 座
发　　行　　轻读文化传媒（北京）有限公司
印　　刷　　北京雅图新世纪印刷科技有限公司
版　　次　　2024 年 1 月第 1 版
印　　次　　2024 年 1 月第 1 次印刷
开　　本　　730 毫米 × 940 毫米　1/32
印　　张　　8.25
字　　数　　139 千字
书　　号　　ISBN 978-7-221-17451-2
定　　价　　38.00 元

关注轻读

客服咨询

# 目录 CONTENT

献给
未来的
革新者
FOR
THE
INNO-
VATORS
OF TO-
MOR-
ROW

# 你好,世界!
# HELLO
# WORLD!

- 数字技术正在改变我们的生活、学习和联络的方式,并让这些事物迅速演进。

- 数十亿普通人接入了互联网。

- 我们在网络上进行金钱交易、传播理念、相互辱骂、交流灵感。

- 我们上传并下载电影、信息或和猫有关的视频。

- 我们能打电话给朋友,发送垃圾邮件给敌人,或与陌生人玩电脑游戏。

- 我们能与世界各地的人们组成团队、一起合作,应对全球性挑战。

- 同样,因为有了数字技术,我们的弱点被暴露于黑客、计算机病毒、身份盗窃及网络犯罪面前。而"喜欢""交朋友"和"分享"则成了供我们点击的按钮。

- 我们的世界是怎么变成这样的?

- 我们该感谢谁?又该责怪谁?

- 未来 50 年又会有什么新变化?

# 计谁机？计你机！

● 他们刺探、他们偷窃。

● 他们把想法实现，建造了原型机。

● 他们被捕、破产、吃着比萨、志向远大。

● 他们的成就从根本上改变了我们的生活方式。

● 他们就是本书记载的当今数字技术的创造者——程序员、狂想家和开拓者……

● 你能在本书中了解到他们的失败和绝望，奉献和胆识。

● 最重要的是，本书记录了普通人可以用创造力、决心，以及一大堆的"0"和"1"做些什么。

● 像你一样的普通人。

# 回顾历史

● 就在 50 年前，电子邮件还不存在，无线局域网和互联网也没出现。

● 没有智能手机，没有游戏机，没有数码相机。

● 那时的电脑跟房子一样大，数据存储在磁带上，电话通过弹力线圈连接到你家墙上，你不断收集音乐唱片，直至堆满卧室。

● 有人认为那就是技术创新的巅峰，但他们错了。

人们很快就会厌倦每晚都盯着胶合板盒子看。

——达里尔·F. 扎努克，
20 世纪福克斯电影公司高管谈
论电视未来的发展，1946 年

尽管完全可行，但远程购物不会成功。

——《时代》，1966 年

普通家庭根本没理由在家里放一台计算机。

——肯·奥尔森，美国数字设备公司创始人，1977 年

我预测互联网将像超新星那样迅速发展，
并在 1996 年发生灾难性崩溃。

——罗伯特·梅特卡夫\*，3Com 公司创始人，
以太网的共同发明者，1995 年

事实是，在线数据库不能代替纸质日报，
只读光盘不能代替合格的老师，
计算机网络也不能改变政府的工作方式。

——克利福德·斯托尔，《新闻周刊》，1995 年

我想看的视频并不多。

——陈士骏，视频分享网站 YouTube 联合创始人，
对其公司的长期生存能力表示担忧，2005 年

每个人都在问我，苹果何时会推出手机。
我的回答是："可能永远不会。"

——戴维·波格，《纽约时报》博客，2006 年

★仅仅两年后，罗伯特就"吃掉"了他说过的话：
他把讲过的话打印了出来，在搅拌机中打碎，
再放进嘴里使劲嚼。

XIII

# 二十亿台计算机，
# 而且还在增加！

- 地球上有超过 20 亿台个人计算机。
- 如果每台计算机你只使用一秒钟，全部使用一遍要花费 60 多年。而且，还没算上无数其他设备：平板电脑、智能手机、游戏机等。
- 而就在不久前，整个世界根本没有计算机，一台都没有。

# XIV

# 这就是"巨大"！

● 20 世纪 40 年代，第一批可编程的电子计算机出现，其中一台的代号为"科洛萨斯"，意思是体型巨大且功能强大。这台计算机由约 1500 个开关电路组成。

●这听起来像是一个巨大的数字，但到了今天，你可以在一个小到能戴在手腕上的芯片里面放进数十亿个开关电路。

●明天会有什么样的计算机？谁知道？也许，你能一起来创造明天。

XV

# 认识革命者

● 数字技术是由普通人开发的:就像你我这样的人。( 甚至可能就是坐在你旁边的那个人! )

● 最美好的明天是由我们所有人去想象和创造的。而要理解未来,我们就得回顾一下历史。

● 这本书会带我们回头看看一切的开始。所以,请坐下来,放松一下,享受这个非数字的旅程。希望你带够了比萨!

XVI

# 01
开机
# KICKING
OFF

# 1800s ON

# 十九世纪：

# 排障器★、聚会 小把戏与 飞行学

● 200 年前，如果幸运的话，你每周能洗一次澡，不过当时没有淋浴设备。那时的医生认为难闻的气味会导致疾病，而放血可以治愈疾病。而且，如果你在英格兰偷了一个长条面包，你会被定罪并流放到澳大利亚。生活就是这么艰难。此外，当时还没有谷歌搜索，没有电视，没有电话，连无线电也还没有被发明出来。

●而这些都无法阻止聪明的发明家构想计算机的未来。今天的我们很难相信，他们的预测会如此准确。

技术：差分机（从未完成）和分析机（从未启动）

构想者：查尔斯·巴贝奇和埃达·洛夫莱斯

★安装在火车前部的坚固金属框架，可在火车前进时将障碍物推离轨道。

# 埃达!
# 我们家族唯一的女儿,
# 我的心肝!

● 埃达·洛芙莱斯生于 1815 年,是著名诗人和聚会狂热分子拜伦勋爵的女儿。

● 但是埃达的妈妈(拜伦夫人)一点儿也不热衷于参加聚会。实际上,拜伦勋爵是个麻烦鬼,于是,当埃达还是小宝宝的时候,拜伦夫人就带着她离开了拜伦勋爵。

● 你看,埃达的妈妈是位理智的数学家,她不希望埃达像她父亲那样终生被麻烦纠缠。

诊断?高风险的诗意聚会脑(又名疯狂)。处方?数学,很多数学。学数学一定能消除幻想的所有倾向……

——也许是拜伦夫人

● 对我们来说,幸运的是,拜伦夫人的计划适得其反★。越学数学,埃达的想象力就越无穷无尽。

★ 但我们依然爱她。200 年前,人们并不鼓励年轻女孩去学习数学。多亏了拜伦夫人(以及许多家庭教师),埃达的数学思维才得以改变世界。

让我们开始这场聚会吧,
拜伦勋爵已经在等着了!

03

# 探索的
# 能力

● 埃达 12 岁时，开始尝试新玩意儿：她花了许多时间学飞行，还写了一本书来记录自己的发现，起名叫《飞行学》。这些研究让她确信，想象力与科学之间有着密切的联系。

想象力是什么？……想象力是发现的能力……是它让我们穿透周围看不见的世界——科学的世界。

——埃达·洛芙莱斯

04

# 以巴贝奇
# 之名

● 查尔斯·巴贝奇生于1791年的节礼日。他是数学家、机械工程师，也是发明家，并且（和拜伦勋爵一样）喜欢参加聚会。查尔斯会邀请许多贵族老爷和小姐太太，以及探险家、作家、演员和科学家到他家里，大家吃饭、畅饮、跳舞、玩乐，对他的新发明满怀期待。

我那些了不起的发明——查尔斯

● 火车排障器（用于保护火车）

● 闪烁的灯塔信号（用于与船舶进行编码通信）

● 潮汐能（以防煤炭用尽）

（自我提示：这个项目必须立即启动，赶紧的！）

● 灾难记录器（用于铁路事故）

● 测功车（用于检测火车发动机的性能）

● 带有彩色滤光片的剧院灯，用以营造欢快的聚会氛围（呃……剧院经理担心我发明的灯会着火，我已经向他保证绝对不会，还安排了两台消防车上台，以防万一）

（不！还是被拒绝了。我的天才创意又一次未获赏识！）

● 井字游戏机……尚不确定（想法：如果我向玩游戏的人收费并且赚了几百万，那会怎么样呢！）

● 检眼镜（用于检验人眼的内部有什么）

● 求数字之和的差分机（我认为这是我的最爱！）

05

# 聚会上的
# 小把戏

● 埃达 17 岁那年，参加过一次查尔斯办的聚会。她并不热衷于跳舞和追求浪漫，但数学头脑却让她爱上了查尔斯的发明。查尔斯把差分机的一小部分制作了出来，用作演示。当埃达看到差分机是如何输出数学问题的答案时，她兴奋极了。整个机器由数十个齿轮、圆盘和轴组成，只要你用手摇动一条巨大的机械臂，就能让整个机器运转起来。在当时，这是最前沿的技术。

● 埃达飞奔回家，写信给查尔斯，赞扬他的发明是多么的无与伦比。查尔斯回信，称颂埃达的数学是多么的诗意。正是科学让他俩一见如故。这对挚友始终保持着通信，在近 20 年的时间里，互相碰撞出许多新想法。

我有一种独特的学习方式，我认为一定是一个独特的人成功地教导了我。

——埃达·洛芙莱斯致查尔斯·巴贝奇

## 玩转数字

● 查尔斯的机械设计使埃达天才的大脑运转起来。她想知道查尔斯的机器是否能处理数学之外的问题。她大胆地设想，这机器可能在某一天能以数字作为代码，超越数学，进入文学、音乐和艺术领域。

**06**

> 这种机器可以准确地排列组合数值，如果用它来处理字母或其他通用符号……
>
> ——埃达·洛芙莱斯

> 这种机器也许能创作出更复杂、深刻、精细又科学的音乐。
>
> ——埃达·洛芙莱斯

● 在 19 世纪，拥有这样的见识非常了不起。正如埃达的预言，当今一些最先进的人工智能计算机确实在自创音乐。

## 爱数学的伯爵夫人

● 埃达母亲的堂兄最终成了英国首相，这意味着埃达要走运了。新任首相也是维多利亚女王的顾问，不久后，女王授予了埃达的丈夫伯爵爵位，埃达也获得了伯爵夫人的头衔。所以各位，现在要尊称埃达为洛芙莱斯夫人了。

## 雅卡尔织布机

● 在埃达出生之前，新潮的计算设备就已经用于机织裤子了——约瑟夫·玛丽·雅卡尔发明了自动提花机。

● 提花机能在布料上织出复杂的图案。约瑟夫·玛丽的提花机却可以通过打孔的硬纸卡来自动编织花样。如果卡上有孔，机器就织出螺纹

07

花样；如果没有孔，则只织出平针。花样的每一行都使用了不同的打孔卡来编码。

● 因此，只要改变卡片上孔的位置，就可以对提花机进行编程，让它自动编织出不同的花样。

● 当巴贝奇看到这些打孔卡时，新的发明灵感降临到了他脑海里。他意识到打孔卡也可以用于其他方向。随后的故事就如人们所说，他"编码"了计算机的历史。

## 分析机

● 在查尔斯分析机的设计中，既有科学的成分，也有科幻的成分。他想象分析机可以执行计算。它将数字存储在单独的存储器中。你甚至可以为它编程，只需在纸板上打一些编码孔即可。

● 不幸的是，分析机没有建造成功。查尔斯的钱用光了，政府也停止资助他那花费巨大（你需要多少资金？！），雄心勃勃的（你打算做什么？！）分析机实验。

08

# 译者的
# 注释

● 1843 年，埃达曾帮了查尔斯一点儿小忙。意大利工程师梅纳布雷亚伯爵路易吉*撰写了一篇有关分析机的文章，有 8000 个词。麻烦的是，文章完全由法语写成。

● 聪明的埃达将路易吉的文章翻译成英文，在翻译过程中，她自行添加了超过 19 000 个充满智慧的单词。在这些"注释"里，埃达描述了如何用查尔斯分析机来编程，以计算伯努利数**。

洛芙莱斯伯爵夫人翻译的文章长度约为原文的 3 倍。这些文字充分讨论了该领域内绝大部分困难与抽象的问题。

——查尔斯·巴贝奇

● 埃达的"注释"通常被认为是世上首例计算机程序，也是子程序（可以重复使用的代码包）的首次使用。

一种全新的、前景广阔而又强大的语言已经被开发出来，用于即将出现的分析机。

——埃达·洛芙莱斯

★路易吉曾任意大利王国的第 7 任首相。
★★伯努利数对那些以研究纯数学为乐的人非常有用。是的，确实有这样的人存在。

# 09

梅纳布雷亚伯爵路易吉，
意大利工程师、首相。

## 伯努利数

●那么，埃达到底有多聪明？为什么她会需要一台如此庞大的机器来计算几个微不足道的数字？这是一个好问题。毕竟，计算伯努利数非常容易。以下是示例公式：

$$B_m = \sum_{k=o}^{m} \sum_{v=o}^{k} (-1)^v \binom{k}{v} \frac{v^m}{k+1}$$

$$B_m^+ = \sum_{k=o}^{m} \sum_{v=o}^{k} (-1)^v \binom{k}{v} \frac{(v+1)^m}{k+1}$$

10

伯努利：
宇宙之韵，真而无律。

# 同理，以下只是
# 部分的答案……

| n | 0 | 1 | 2 | 4 | 6 | 8 | 下行继续 |
|---|---|---|---|---|---|---|---|
| $B_n$ | 1 | -½ | ⅙ | -1/30 | 1/42 | -1/30 | |
| n | 10 | 12 | 14 | 16 | 18 | 20 | 没有尽头 |
| $B_n$ | 1/66 | -691/2730 | ⅞ | -3617/510 | 43869/798 | -174611/330 | |

● 如果上面的数字让你迷糊，请别担心，我也一样。但这确实展现了早期创新者的不凡才华。

● 那么，他们是如何解决如此复杂的问题呢？他们把每个庞大的数学问题分解为许多小问题，这样就可以通过一系列简单的步骤来计算非常复杂的公式。

● 因此，如果某人可以计算出某个数学公式，那么，这个人肯定也能教会机器来代替人计算。

很酷的事实：这个日本人关孝和，大约在同一时间与伯努利各自独立地发现了以上有规律的数。

# 走向未来

● 基于查尔斯和埃达的设想，人们造出了世界上第一台计算机。即便在今天，在查尔斯和埃达去世数百年之后，他们的"注释"、设计和创意依然有极高的价值。
● 1985 年，根据查尔斯的精确设计，伦敦科学博物馆的发烧友造出了"差分机"。

**你会怎么做？**

● 你认为数学是创造力的解药吗？为什么是？为什么不是？

● 有些人不相信埃达是"注释"的作者，他们说她是妄想狂，假装自己很聪明；另一些人说以上言论是无稽之谈，埃达对计算未来发展的理解甚至超越了查尔斯。你认为为什么这两种观点会同时存在？在那个时代，是什么使埃达的成就如此惊人？

● 数学家玛丽·萨默维尔是埃达的老师之一，她是 19 世纪为数不多的女数学家。你认为获得经验丰富的人的帮助很重要吗？当你是某个行业的开创者时会怎样呢？

● 每年人们都会在埃达·洛芙莱斯日（10 月的第 2 个星期二）纪念她的成就。有一种编程语言"Ada"以她的名字命名。另一种编程语言和月球上的一个陨石坑是以查尔斯·巴贝奇命名的。你能想出其他方式来赞扬和纪念埃达与查尔斯的成就吗？

12

# 1906 ON

# 一九〇六年：

# 赛马、快钱和
# 一名铁路工程师

● 设想有一台计算机是由自行车链条和数千米长的软线连接一些钟表零件构成的。现在，用它来致富吧。你好，创造力！

技术：朱利叶斯赌金计算器，一种大型的多用户实时数据处理系统，也称为自动赛马赌金计算器

发明者：乔治·朱利叶斯

## 行动力

● 乔治·朱利叶斯小时候喜欢帮父亲修理钟表。17 岁时，他充分利用了自己的机械思维，进入新西兰大学学习工程学*。

● 乔治成为新西兰大学的首位铁路工程专业毕业生。很快，他就在西澳大利亚州政府铁路机务段拿下了一份助理工程师的工作。

## 与此同时，
## 赛马场上……

● 在赛马场上，人们使用赛马赌金计算器算出每场比赛中每匹赛马被下注的总和。你要下注就得排队，等待工作人员（是人类哦！）竭力算出你的投注赔率……所以，要等很久。

## 为民主而设计的
## 赌金计算器

● 乔治从未想过去发明一种用于下注的计算器。实际上，他的首项发明计划与政治有关，源自一个伙伴的启发：

**14**

★乔治当时与欧内斯特·卢瑟福一起在新西兰大学学习，后者获得了 1908 年诺贝尔化学奖。

西边有个哥们想让我造台机器来登记选票，这样就能在没有任何人为干预的情况下得出结果，加快选举进程。

——乔治·朱利叶斯

● 这个想法好，乔治想。他打算着手设计这种机器，然后交给政府。

● 官员们拒绝了他的创意。乔治失败了。

● 但是赛马界喜欢这个机器。是钱的声音！

在那之前，我从未见过赛马场。一位朋友向我解释了他们需要高效的赌金计算器。这个问题引起我极大的兴趣，因为完美的赌金计算器，在设计上必须能让多个操作员同时输入数据，为同一匹马开票。我打算设计的机器能够允许多人同时添加数据，提供即时记录，并能满足任何一家赛马场的需求。

——乔治·朱利叶斯

● 乔治跟自己的孩子们一起，在屋后的棚子里建造了赌金计算器的原型机。

## 从此让您畅享赛马赌博

● 乔治的赌金计算器让下注的速度快多了。这样一来，赌客输钱的速度快多了。

● 朱利叶斯赌金计算器能做到：

15

- 接受数百名赌客同时下注。
- 算出所有投注的总和，包括一场比赛中每匹马的投注之和。
- 以总投注来计算特定马匹获胜的概率，以及要支付多少红利给每位赌赢的赌客。

● 今天，这些任务是由软件工程师来完成的，这些工程师都是现代计算和电子领域中最前沿、最出色的人。而当年，乔治用轮子和齿轮完成了同样的任务。早期的朱利叶斯赌金计算器的尺寸约为 10 × 10 米，有一栋小屋那么大。

（赌金计算器）看上去像是由钢琴线、滑轮和铸铁盒子缠结而成的，尽管许多赛事官员预言它不管用，但赌金计算器取得了巨大的成功。

——布莱恩·康隆，乔治公司的一名工程师

## 赢家！

● 乔治的父亲讨厌赌博，但这不能阻止乔治的发明在全球迅速普及。1913 年，新西兰艾勒斯利公园跑马场安装了首台朱利叶斯赌金计算器，能同时接受 30 次投注。第 2 台安装在西澳大利亚州的格洛斯特公园跑马场，有 86 个不同的窗口可以同时投注。

● 法国隆尚跑马场的朱利叶斯赌金计算器可以同时接受 273 次投注；伦敦怀特城的那能达到 320 次投注。

● 在悉尼建造的测试赌金计算器能同时接受 1000 次投注，1 分钟之内，可以卖出 25 万注。

**16**

● 乔治的公司将朱利叶斯赌金计算器销

售到近 30 个国家。大萧条期间，许多公司破产了，而乔治他们甚至还能赚钱。

我很高兴地说，在 1917 年的俱乐部春季赛事中，"Premier"自动赌金计算器首次投入使用，就满足了所有需求。这些机器的准确性毋庸置疑，其票证发放的速度，让经验丰富的运营商们也别无所求。

——澳大利亚骑师俱乐部，1922 年

## 之前在哪儿见过你?

●除了发明赌金计算器并垄断了数十年的赛马投注市场之外，乔治还：

- 担任澳大利亚联邦科学与工业研究组织（即 CSIRO，当时的名字是平平无奇的"CSIR"。）的第一任主席。
- 在 1929 年被乔治五世国王授予爵士称号。
- 是新西兰第一任大主教的儿子。
- 与伊娃·欧康纳结婚，她的父亲是工程师 C. Y. 欧康纳，后者建造了著名的卡尔古利至珀斯管道。
- 是"可爱、迷人"却又"臭名昭著"的"怪盗绅士"小乔治的父亲。小乔治经常闯进别人家偷东西（包括割草机），但他走的时候又会把屋子打扫干净。哈！真得谢谢小乔治呐！

# 走向未来

● 1925 年，在乔治关于赌金计算器的演讲现场，14岁的戴维·迈尔斯坐在听众席上。

●戴维迷上了他听到的一切。后来，他在大学里学习科学和工程，并像乔治一样为 CSIR 工作。多年后，戴维制造出了 CSIRO 差分机，这是澳大利亚最著名的计算机之一。

## 你会怎么做？

●为助力政府选举，乔治造了台机器。你认为，当政府拒绝使用他的发明时，他的感受是怎样的？你认为他接下来会做什么？如果是你，你会怎么做？

●乔治帮父亲修理时钟，乔治的孩子们帮他发明了赌金计算器。当孩子与成人一起工作时，孩子如何才能做出最大的贡献？你想做什么项目？你会挑选什么人加入你的团队？

●政府决定坚持使用纸质选票，而不采用乔治发明的电子投票器，你认为原因有哪些？

●如果让你来设计电子投票机，你会设计哪些功能？

# 1937 ON

# 一九三七年：

# 亮灯时刻、
# 厨房里的
# 滑稽动作和
# 二进制、
# 宝宝

●几个世纪以来，"计算机"一直是解决数学问题的工具。但是，直到我们搞清楚是什么造就了一台伟大的计算机，才算真正进入了计算机领域。

技术：各种各样的实验性计算机
发明者：几乎是同一时代的许多人

# 大家都
# 很忙

● 1937 年，制造计算机这件事突然火了起来。事情是这样的：

● 一个名叫克劳德·香农的痴迷于杂耍的麻省理工学院学生，在玩够了杂耍棒和独轮车之后，发现电路能用来表现逻辑。后来，克劳德又发明了魔方求解器、杂耍机、喷火小号，以及能在迷宫中学习和记住路线的机器鼠。但他最重要的发明是一种关键的构想：电路可以用来建造计算机。

● 一个名叫乔治·斯蒂比兹的数学家理解了克劳德的想法。他用灯泡和由旧烟盒做成开关，在厨房里搭建了一个演示电路。点亮的灯泡表示 "1"，没点亮的灯泡表示 "0"。他给自己的发明命名为 "K 型机"（K 代表 "kitchen"，意思是厨房）。1939 年，他又造了一台更大的 K 型机。

● 一个名叫霍华德·艾肯的学生（他高中辍学，但之后考进了哈佛。）爬进了满是尘土的大学阁楼，发现了一些传说是查尔斯·巴贝奇差分机的零碎元件。霍华德先是疑惑，后是兴奋："我们来造一个更大更好的版本吧！"于是，霍华德就和他在哈佛大学的伙伴们造了一台，并将其命名为马克 1 号（Mark I）。

● 同年，一个名叫约翰·文森特·阿塔纳索夫的发明家在地下室制造计算机。他用真空管做开关，用磁鼓来存储数据，并以二进制开关作为逻辑系统。但当约翰应征入伍去参加第二次世界大战后，他的计算机只能在地下室蒙尘。很多年后，这台计算机被拆毁。

● 在大西洋的另一边，一个名叫康拉德·楚泽的德国工程师在父母的公寓里做实验。他先造出了名为 Z1 的机电计算机，随后又造造了 Z2 和 Z3。但在第二次世界大战盟军轰炸柏林时，这 3 台计算机都被炸毁了。

20

● 也是在这一年，一个名叫约翰·莫奇利的小伙子也想制造一台计算机……

# 混入

● 1940 年，乔治·斯蒂比兹演示其最新制造的计算机时，约翰·莫奇利去了现场。1941 年，莫奇利又来到约翰·阿塔纳索夫的地下室，瞧了瞧后者建造的计算机。另外，他也参观了麻省理工学院的新计算机。

●然后他遇到了昵称为"普莱斯"的约翰·普莱斯珀·埃克特。他们共同制订计划，打算建造一台吸取了以上机器优点的计算机……

**身份证明文件："普莱斯"·埃克特**

●富人：百万富翁的独生子。

●发明家：小时候，普莱斯就建造了操纵模型船的系统，还造出了对讲机。

●企业家：上学时，普莱斯通过为朋友们制造收音机来赚钱。

●爱开玩笑的人：还是上学时，普莱斯自创"亲密度测量仪"，这是一种以测量接吻者出的汗来计算亲密度的机器。

## 十进制，兄弟

●你可能有 10 根脚趾。花些时间来数一数……数完了？你速度真快！我们有 10 根脚趾，所以数到 10 很轻松。世上大多数人都用十进制系统来计数，可能是因为我们有 10 根手指头。

●在十进制系统中，你用 10 个符号代表数字：0、1、2、3、4、5、6、7、8、9。

●每个数字的值根据其在数字中的位置而变化。在十进制系统中，不同数位上的数字代表的值分别是个（1），十（10），百（10×10），千（10×10×10），万（10×10×10×10），十万（10×10×10×10×10），以此类推。

**十进制测验：**

● 一个星期有多少天？
● 一年有多少天？

● 7 =（7×1）
● 365 =（3×100）+（6×10）+（5×1）

● 太容易了。你确实是使用十进制的高手。

## 二进制，宝贝

●不幸的是，计算机没有脚趾。花些时间来数一数……
●这就数完了？我就说嘛！

# 22

●在没有脚趾的情况下，计算机必须依赖其他方式来计数。它们使用开关。这就是为什么现代计算机使用"二进制"系统。

● 0 = 关闭，1 = 开启。

●在二进制的系统中，数字在不同数位代表的值分别是 1（1），2（2），4（2×2），8（2×2×2），16（2×2×2×2）或 32（2×2×2×2×2），以此类推。

### 二进制测验

●一个星期多少天？ $111 = (1×4) + (1×2) + (1×1)$

●一年中有多少天？ $101101101 = (1×256) + (0×128) + (1×64) + (1×32) + (0×16) + (1×8) + (1×4) + (0×2) + (1×1)$

●如果你之前不习惯使用二进制，那么它会让你陷入混乱。但是，对计算机而言，这是最简单的数学方法。

## 从模拟到数字

●现实世界是可以模拟的：事件的发生是连续的。例如，模拟时钟的指针在计量时间时，能指向钟面的任意位置。

●而在数字世界中，情况完全不同。数字时钟把时间划分成分和秒。颜色只有黑或白。答案只有"是"或"否"。没有中间状态。

●数字计算机也一样：它们工作时，会把连续的模拟信号分解成"开"或"关"两种信号。

# 走向未来

●如果你的电脑符合下面 4 个条件，那么它就是一台现代计算机：

● 由电驱动。不用自行车车轮，也没有咔嗒作响的杠杆。电子计算依赖电信号，而电信号能以接近光速的速度传输。砰！那种咔嗒作响的机械计算，被每秒运算数百万次的电子计算超越了。

● 数字的。在数字世界中，事物表现为黑或白，开或关，上或下，0 或 1。就像电脑的电源开关一样。没有中间状态。*

● 二进制的。忘记以 10 为基数的十进制运算吧！你的计算机所做的一切都被编为二进制代码：全是 0 和 1。

● 可编程的。之前的计算机只能运算一种类型的方程，或只能玩一种类型的游戏，而这种日子已经一去不复返了。现代计算机无须改变线路，就能依据不同的程序执行不同的任务。

### 你会怎么做？

●约翰·莫奇利和"普莱斯"·埃克特参观别人的计算机，从中收集想法和信息，然后发明了自己的计算机。你认为这公平吗？这种事情只发生在计算机行业吗？在其他领域有吗？

● 1937 年是计算机行业繁忙的一年，随后，1939 年，第二次世界大战爆发了。接下来的几年里，现代计算机诞生了。世界上许多最大的技术飞跃都发生在战争时期。你认为这是为什么？

## 24

★相对地，模拟是一种可变化的标度：你可以打开、部分打开、稍微打开、打开非常多，完全打开或打开一丁丁、一丝丝或一点点。"关"也是同样的道理。

# 1940s ON

# 二十世纪四十年代：

# 人类计算器、高速弹头、埃尼阿克六人组

● 在第二次世界大战期间，计算员（也称为"人类计算器"）在盟军的作战中起到重要作用。即便如此，这些能高速运算的奇才很快就被数字计算机取代了。但那些巨型机器无法给自己编程。于是，美国陆军最好的 6 名计算员被招募来执行一项秘密任务：成为数字程序员，速度要快。

技术：27 吨重的巨型机器埃尼阿克，即 ENIAC，和英语中"疯子"（maniac）这个词押韵，它可能是世界上第一台全电子可编程数字计算机。

编程者：埃尼阿克六人组——琼·詹宁斯·巴蒂克、弗朗西斯·"贝蒂"·斯奈德·霍尔伯顿、玛琳·韦斯科夫·梅尔策、凯瑟琳·"凯"·麦克纳尔蒂·莫赫利·安东内利、弗朗西斯·比拉斯·斯宾塞、露丝·利克特曼·泰特尔鲍姆

# 准备、瞄准、开火!

● 在给计算机编程之前,埃尼阿克六人组是为美国陆军工作的计算员。

● 第二次世界大战战事正酣之时,美国陆军用数学方法来预测大炮和枪支发射炮弹 / 弹头的飞行轨迹(弹道)。计算员用纸笔计算出各种大小枪炮的射击表。

● 每个射击表列出大约 1800 条可能的发射弹道

　　×

● 手动计算一条弹道需约 30 小时

　　=

● 完成一张射击表约需 54 000 小时的数学运算,相当于一个人昼夜不停地计算 6 年!

## 弹头会飞到哪里?

● 要预测弹头的运行轨迹,你需要:

● 铅笔(但愿配有大块的橡皮)。

● 一张纸(最好比你的身长还长)。

● 高速爆炸的最高速度,以及风速、风向、空气阻力、地球的曲率及自转等数据。

● 请记住:计算员的结果要精确到小数点后 10 位。各就各位,预备——开始!

# 5 分钟的
# 数学休息

● 1946 年，美国《大众科学》杂志猜测，计算员能在 5 分钟内手动算出以下算式。想试一试吗？

2 156 789 463 × 1 987 437 846

= 4 286 485 004 620 216 698

## 需要
## 计算器吗？

●一些计算员很幸运，他们能用机械计算器辅助计算。这些早期的计算器不像现在的计算器那样，小到能装进口袋，它们约有一个房间那么大，并依靠齿榫、齿轮和杠杆工作。

●当时，世界上大约只有 6 台这样的计算器，它们很受欢迎。计算员使用机械计算器，能在 1 小时内完成弹道计算。

●只是有个小问题：计算器并不能总是算出正确答案。别担心，计算员也会仔细核验计算器算出的答案。

计算这条弹道需要大量的数学运算（有时一个人需要计算好几天）。

# 对速度的
# 需求

●战争在继续，需要计算的东西越来越多，而计算员已经无法满足需求。美国陆军秘密地向发明家"普莱斯"·埃克特和约翰·莫奇利求助，让他们设计出更快的解决方案。

埃尼阿克档案：

绝密！机密！

● 名字：电子数字积分计算机（简称 ENIAC）

● 成本：1946 年的 500 000 美元（接近今天的 8 000 000 澳元）

● 速度：比当时的其他机器快 1000 倍

● 内存：最多 20 个 10 位数。之后升级为最多可以存储 100 个数

● 功率需求：150 000 瓦的电力（足以带动今天的 2000 多台笔记本电脑）

● 硬件包括：

  ● 70 000 个电阻
  ● 10 000 个电容器
  ● 5 000 000 个焊点
  ● 18 000 个真空管*

29

★真空管是由玻璃制成的管子，经常被烧坏，这会使计算机彻底宕机。不过不用担心，这种情况大概每天只发生一次。

# 在关着的门背后

● 埃尼阿克太先进了，还没有附带说明书。它如此神秘，甚至连程序员编写出第一个程序后，都没获准看它一眼。

有人给了我们一大堆图纸……他们说："给你，你先弄清楚机器的工作原理，然后弄清楚该如何对它进行编程。"这有点难。

——凯·麦克努尔蒂

● 埃尼阿克不用键盘来编程。程序员要用数千米长的导线把那些纷乱的插头和开关按迷宫般的顺序连接起来。每个程序的连接方式都不同。

● 他们会在纸上写画几天，创建一个程序，然后花几个小时才能输入该程序。

● 编程后，埃尼阿克每秒可以计算：

● 5000 次加法或减法
● 350 次乘法
● 35 次除法（但说实在的，谁会喜欢计算除法？）

# 速度超越飞驰的弹头

● 在首次公开演示中，埃尼阿克仅用 20 秒就计算出炮弹会落在何处。它在炮弹落地前 10 秒算出了结果。

埃尼阿克为世人所知的那一天，是我一生中最激动人心的日子之一。

——琼·巴蒂克

照片里的是六人组中的贝蒂。

# 走向未来

●数年来，埃尼阿克六人组一直为计算机编程，并设计软件。她们都入选了国际科技女性名人堂。

研发那台计算机真的非常开心，真是一段绝妙的时光。

——"凯"·麦克纳尔蒂

### 你会怎么做？

●埃尼阿克可能是世界上首台数字计算机，但是，它的名字是世界上最好的吗？首字母缩略词"ENIAC"代表"电子数字积分器和计算机"。后来的计算机的名字有：EDVAC，ILLIAC 和 JOHNNIAC。你认为这些首字母缩写词代表着什么？如果要命名计算机，你会使用什么缩写？

●埃尼阿克首次公开运行的当天傍晚，科学家、军队人员及埃尼阿克的发明者一起外出参加庆祝晚宴。但埃尼阿克的女程序员们并没有获得邀请、认可或感谢。你认为原因是什么？你认为这种观念在改变吗？

●在埃尼阿克研发成功 50 周年之际，这台巨大的计算机被一些电脑迷重现在单块微芯片上了。你能预计未来 50 年会出现哪些变化吗？你认为有关计算机的一切还在迅速变化吗？

32

# 1949 ON

# 一九四九年：
# CSIRAC
# 计算机、
# 《布基上校
# 进行曲》与
# 墨尔本杯赛冠军

● 回到世界上只有少数几台计算机的年代，拿昂贵的数字计算机来播放流行音乐，这想法简直太激进了。澳大利亚人当然不是为了播放音乐才去建造第一台计算机的。但不知道为什么就走到了那一步……

技术：澳大利亚首台数字计算机

使用者：澳大利亚工程和物理领域的所有人

CSIRO 计算机，1952 年（另外，照片中的人是特雷弗）。

# 到澳大利亚去，
# 去超越！

● 第二次世界大战后，特雷弗·皮尔西移居澳大利亚时，世界上的数字计算机还不到 5 台。但特雷弗认为它们很酷，因此，他说服了 CSIR（现变更为 CSIRO，酷酷的年轻人把它念成"sigh-row"）——澳大利亚需要一台属于自己的数字计算机。

● 我们得说："好主意！"

● 澳大利亚人自行设计并建造了这台计算机，并将其命名为"CSIR Mark I"，最后又改为"CSIRAC"（发音同 sigh-rack），即"科学与工业顾问委员会的自动计算机"（CSIR's Automatic Computer）。

## 超高科技

● CSIRAC 计算机用了 2000 根真空管作为开关，比人类计算速度快 1000 倍。它没有键盘或屏幕，你可以使用纸带和它交流。这些纸带就如同寿司般卷在一起。★

● 这台计算机把数据存储在 1.5 米长的管道中，管里装满水银，这些管道被称为"延迟"管道，它们的工作原理是，先将数据转化为声波，声波通过水银传递给管道

**35**

★ 和 19 世纪雅卡尔织布机以打孔卡的方式编程来织花纹一样，CSIRAC 计算机的程序员在纸带上打孔，以制作出计算机可以阅读的点阵。

另一端的接收器。这样你就能在一定时间内（960 微秒）存储所需的数据，尽管你只能在声波抵达另一端后才能获取数据。

● 这些管道让这台计算机可以储存大约 2000 字节的信息。（当今，大多数设备都可以存储数 10 亿字节的信息。）

● 这台计算机非常耗电：功率高达 30 000 瓦（大约与运行 60 台现代洗衣机的功率相同）。哪怕是在隔壁房间使用电热水壶烧水，都足以让整个电力系统崩溃。

## 万维"哇哦"网

● 在万维网诞生的几十年前，特雷弗已经对未来有了准确的预测……

有一天，我们能通过国家传真或电信服务来提供自动百科全书服务，这不是凭空臆想。

——特雷弗·皮尔西

## 宝贝，为我歌唱

● 长期以来，计算机一直被用于数学运算，很少用于其他领域，尤其是像播放音乐那样无足轻重的事。

● 但数学家吉欧夫·希尔喜欢音乐，而且他的妈妈和妹妹还是音乐老师。因此，在 1950 年左右，CSIRAC 计算机播放了世界公认的第一首数字计算机音乐。

**36**

●当该计算机的程序运行至特定的节点时，它的喇叭就会响。吉欧夫把喇叭声融入其完美的调音程序，播放了《布基上校进行曲》《邦妮·班克斯》《亚麻色长发女孩》等歌曲。他掌控着指令运行的时间，以此来改变喇叭声的音调。

●不幸的是，CSIRAC 计算机播放的这些音乐没有被录下来，因为吉欧夫认为这台计算机应该用于很严肃的事情，而不是像这样胡搞。

●如今，我们每天都在电子设备上制作和聆听音乐。别忘了，是澳大利亚人最先做的。

## 真正的工作

●程序员托马斯·切里继续用 CSIRAC 计算机从事音乐事业，他创造了一种让这台计算机演奏新乐曲的方法。

●不演奏音乐时，这台计算机参与了数百个重要项目，包括观星、天气预报、贷款计算和电力供应。

## 别像 SILLIAC
## 计算机一样

●澳大利亚的第 2 台计算机名为"SILLIAC"，是"悉尼伊利诺伊州自动计算机"的缩写。

**38**

●这台计算机是因比赛而建的。眼镜与珠宝商阿道夫·巴瑟拥有一匹名为德尔塔的赛马。这匹赛马在 1951 年的墨尔本杯赛事上夺冠，阿道夫也因此赢得了赌注！

● 阿道夫将奖金（5 万英镑，约合今天 1300 万人民币）捐赠给了 SILLIAC 计算机项目。（后来他又捐赠了 5 万英镑，还给医院、图书馆和研究机构提供了资金。你真棒，阿道夫！）

● 很快，SILLIAC 计算机就开始夜以继日、全年无休地运行。许多学校来参观它，许多企业使用它，澳大利亚的 2000 多名新进工程师和研究人员学习了如何操作它。

现在每个人都知道悉尼大学和悉尼大学物理学院有一台计算机，但之前人们从没听说过这玩意儿。

——伊恩·约翰斯顿，当时悉尼大学的一名学生

## 全新的计算机
## "冰箱"！

● SILLIAC 计算机很大，需要专门的空调。工作团队认为这样棒极了，他们把饮料放在空调的冷却管道里冷藏。

# 从诞生到《葬礼进行曲》

● 当悉尼大学向世界展示其拥有的计算机时，9 岁的詹妮·爱德华兹也在现场。在 1956 年的一次大学开放日上，詹妮和 SILLIAC 计算机比赛拼字游戏，并且她还获胜了。之后她继续学习计算机知识。

我感觉非常兴奋，也许这为我后来的事业播下了种子，尽管当时我没意识到。

——詹妮·爱德华兹

● 1968 年，在 SILLIAC 计算机的退役聚会上，詹妮为它编程，让它播放自己的告别音乐：5 首不同版本的《葬礼进行曲》。

它教会了我们许多很棒的技能……要让它奏起音乐来，你必须先做各种有趣的事情。

——詹妮·爱德华兹

## 走向未来

● CSIRAC 计算机"退休"后，被人从垃圾桶中救出，免于毁灭的命运，并被捐赠给澳大利亚的维多利亚应用科学博物馆。2018 年，它出现在墨尔本博物馆，是世界上最古老的完整计算机之一。

● 但 SILLIAC 计算机就没那么走运了。它被完全拆解，其中大部分捐赠给大学、博物馆和 14

个儿童计算机迷。(没错,它不再是 SILLIAC 了。)

**你会怎么做?**

● 在信息技术时代早期,人们不了解计算机可以做什么,以及如何让它们变得有用。澳大利亚的计算机先驱者们努力让投资者相信计算机是值得投资的。你可以试着给老师写一封信,说服他们允许你在学校建造一台 2.5 吨重的计算机。

● 澳大利亚的另一台早期计算机名为 UTECOM:技术大学的电子计算机(University of Technology's Electronic Computer)。在世界各地,还有 WREDAC、EDVAC、ACE、DEUCE、SWAC、SEAC、ABC、UNIVAC、RAMAC、ZEBRA、PEGASUS 等计算机。你认为这些名称是什么意思?

● SILLIAC 计算机之所以能够建成,是因为波兰移民阿道夫·巴瑟爵士的慷慨解囊,他从未上过大学,靠着卖眼镜白手起家。你认为一个人在不断变化的历史中能扮演什么角色?请你写一个凭借个人举动改变世界的故事。

# 1950 ON
# 一九五〇年：
# 厕纸、加法管
# 和伯蒂之脑

● 计算机这东西价值不菲，体积大到快占满一个房间。在 20 世纪 50 年代，你要运气足够好才有机会见到计算机，更别谈使用它了。因此，计算机在那个时期很特别，它是贵重、有用的超级机器，对吧？

● 嗯，当然，大多数时候是这样。

● 那第一款计算机游戏是什么？嗯，什么算是计算机游戏，取决于你觉得什么是计算机、什么是游戏。

● 但如果你把真空管和灯泡也算作计算机的话……

● 那么，也许世界上第一款计算机游戏就是这台 4 米高的名为"伯蒂"的计算机"大脑"。

技术：伯蒂之脑
发明者：约瑟夫·凯特斯

# 纳粹、监禁和
# 战俘营

● 约瑟夫·凯特斯在德国的儿童福利院长大，他不喜欢上学，十几岁时就逃离了纳粹统治下的德国，恰好赶在第二次世界大战爆发前。

● 他和同伴逃到了英国，但英国人认为他是间谍，因此把他逮捕并关进了加拿大魁北克的战俘营。

● 大多数时候，战俘营里的成年囚犯每天都必须去伐木，一天有 20 美分的报酬。而闲暇时，有些成年囚犯会给战俘营里的孩子授课。约瑟夫忘记了自己曾经不喜欢上学，他如饥似渴地吸收所有知识，甚至在厕纸上做数学和科学的笔记。

## 高中成绩 A+

● 最终，战俘营的孩子们获准参加加拿大的官方高中考试。令人难以置信的是，约瑟夫拿到了最高分……不仅是战俘营的，还是整个魁北克的最高分！ ★

● 但是，当约瑟夫获释后，他没能获准进入大学学习。他被安排了制造枪支瞄准器和潜望镜棱镜的工作。但他仍然喜欢数学和物理学。每天工作之余，约瑟夫都在熬夜学习。

43

★战俘营里有一位叫沃尔特·科恩的少年，他也逃离了纳粹，同样利用厕纸学习，还获得了 1998 年的诺贝尔化学奖。而约瑟夫在战俘营里的分数甚至超过了他。

# 看，加法管

●战争结束后，约瑟夫终于可以上大学了。在那里，他参观了多伦多大学电子计算机（The University of Toronto Electronic Computer，简称 UTEC）——这是世界上最早的电子计算机之一。

●多伦多大学电子计算机庞大又笨重，而且，天哪，特别让人心烦。因此，约瑟夫着手改进它。他发明了一种微型真空管，这种真空管的工作效率能顶 10 个普通的真空管。他称其为"加法管"。

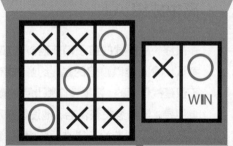

伯蒂之脑是最早的视频游戏之一。

44

# 计算机赢了!

● 约瑟夫希望向普通人展示加法管可以做什么。

● 他设计了"伯蒂之脑",搭载它的是一台 4 米高的、由加法管驱动的计算机——可以说是井字棋专家。

● "伯蒂"可能是世界上第一个电子竞技选手。根据已有的棋步,它能算出下一步棋的位置,还可以设置不同的难度,因此,人类还有一些获胜机会。

● 1950 年,当"伯蒂"在加拿大国家展览会上展出时,立即受到了热烈欢迎。

它比我们想象的还要成功。总是有人围着它,排队等着玩。

——约瑟夫·凯特斯

## 亿万富翁
## 伯蒂?

● 对约瑟夫来说,不幸的是,当他因"伯蒂之脑"踏上成名之路时,贝尔实验室的一个团队成功创造出一项体积更小的发明——晶体管。

如果晶体管革命推迟 10 年,我肯定已经是亿万富翁了。

——约瑟夫·凯特斯

45

# 走向未来

● 约瑟夫并没有让"伯蒂之脑"终结。

● 他将自己在创造"伯蒂"时学到的知识，运用到早期计算机控制的交通信号系统中。把井字棋游戏里的"横、竖、斜"转为"绿、橙、红"。

## 你会怎么做？

● 人们热爱游戏，很多人的发明都在竞争"史上首款游戏计算机"的头衔。有一款所谓的"游戏"是 1951 年发布的"弹跳球"。该游戏能让人实时观看像素化的弹跳球。嗯，很有趣的游戏。"弹跳球"以惊人的速度复现着物理定律，但就游戏而言却是垃圾，因为根本没法玩。所以……那不是真正的游戏。你会如何应用现代计算机技术，将弹跳球变成孩子们喜欢玩的游戏？

● 在加拿大国家展览会之后，约瑟夫夜以继日地学习，短短 3 年内，就获得了 3 门学科的大学文凭，而"伯蒂之脑"被人们遗忘了。你觉得"伯蒂之脑"之后会怎样？请为这个世界上首款"计算大脑"设想一个不同的结局。

46

# 02
## 走向
## 个人化
## GETTING
## PER-
## SONAL

# 1944 ON

# 一九四四年：

# COBOL 语言之母、闹钟和巨大的飞蛾

01110100 01110010 01101001
01100011 01101011 01111001

- 除非你会用二进制读写，不然上面的数字序列也许看起来就是一堆 0 和 1。那就和我看到的一样。我想说，所有的二进制都这样。

- 因此，在早期使用计算机时，人们发现如果不使用二进制来编码，而使用其他语言的话，就能够更快地进行编码。于是，他们创建了编程语言，将 0 和 1 变成真正的语句：

> 主段落，
>
> 显示"你好"
>
> 停止运行。

- 如今，如果你想跟计算机聊天，有很多种语言可以使用。

- 因为有了 COBOL 语言之母这样的早期程序员，任何人都能给旧计算机赋予新能力。

技术：使用英文字母的编程语言，包括 FLOW-MATIC 语言和 COBOL 语言（通用商业语言英文"Common Bussiness-oriented Language"的简写，确实很通用，已经使用了 50 多年了）

发明者：COBOL 语言之母，又名"软件女王""了不起的格蕾丝""海军准将格蕾丝·霍珀"

## 困难和闹钟

●格蕾丝·布鲁斯特·穆雷·霍珀是个聪明的孩子。她在上学期间就跳了几级。但她并没有自认为"聪明到无人能敌"。格蕾丝 7 岁时就拆解了一个闹钟,想要弄清楚它的工作原理。但她没能把闹钟还原。

●于是,她又拆解了一个闹钟,看看能不能管点用……但还是不行,因此,她拆了一个又一个……

●最后,在拆到第 7 个闹钟时,她的妈妈找到了她,然后……

●好吧,你可以想象一下接下来会发生什么。

## 数学 + 英语

●格蕾丝非常想读大学。16 岁时,她的首次大学入学考试不及格。她并没有放弃(想想前面的"闹钟事件"),她又考了一次,通过了考试,考上了大学。

●格蕾丝热爱大学生活,在毕业后当上了数学讲师。

●一开始,格蕾丝就知道表达至关重要。她让学生写冗长的数学论文,因此在学生中的风评很差。学生当然会抱怨,他们怨声载道,但格蕾丝不在乎。她知道,用文字来描述数学很重要。

> 我的解释是,除非他们能与他人交流,否则,数学学来无用。
>
> ——格蕾丝·霍珀

# 是，长官！

●第二次世界大战中，日军轰炸珍珠港之后，格蕾丝想要加入美国海军，她成功了。在以优异的成绩从海军训练班结业后，她被派到拥有马克1号的哈佛大学。

我非常幸运……海军命令我去学习使用美国首台大型计算机，也就是哈佛大学的马克1号……现在，你能把那样的计算机放入一块芯片的小角落里。

——格蕾斯·霍珀

## 与马克1号相遇

●马克1号（Mark I）并不是以声速来运行的（1马赫就是1倍的声速，马克1号跟马赫数1可没什么关系，虽然二者在英语里的写法都是 Mark I）。尽管如此，它仍然是超越想象的计算机。马克1号：

● 重量为4.5吨（约等于10 000个iPad Air）
● 占满一个长15米、高2.4米的大房间
● 有760 000多个零件
● 以总长约800千米的电缆来控制真正的机电开关，这些开关运行起来会发出咔嗒的声音
● 每秒能完成约3个指令，做乘法可能需要6秒，做除法则要15秒以上
● 是美国第一台自动数字计算机

如此多的机械部件，全都暴露在外面，噪声特别大。

——格蕾斯·霍珀

51

# 从真实世界
# 到代码

● 马克 1 号的负责人是哈佛大学教授霍华德·艾肯，在上学时，他就梦想着制造计算机。当他酗酒的父亲抛弃家庭后，还是孩子的霍华德不得不从高中辍学，挣钱养家。

● 年轻的霍华德找到了一份安装电话的工作来补贴家用。但他下班后会去夜校学习，就那样一步步地靠着努力进入了哈佛。*霍华德是一个积极进取、才华横溢的人，但他不太有耐心。

● "你到底去哪儿了？给你，下星期四之前，算出这个反正切级数的系数。"这是霍华德·艾肯首次见到格蕾丝·霍珀的话（据格蕾丝说）。

● 就这样，格蕾丝学会了马克 1 号的编程方法，堪称神速。她与队友理查德·布洛赫共同承担这项工作，他们每天轮流工作 12 小时，因此，马克 1 号得以全年无休、日夜不间断地运作。

● 格蕾丝负责与工程师和科学家讨论，了解他们想用马克 1 号做些什么，然后，她疯狂地研究如何让计算机完成这些任务。她成了将技术细节转化为代码的专家。

我学习了海洋学、扫雷、雷管、近距离爆炸引信、生物医学等学科的专业语言。我们必须学会它们的词汇，才能解决它们的问题。

—— 格蕾丝·霍珀

52

★巧合的是，他也是高中辍学且在1937年爬进哈佛大学一个布满灰尘的阁楼……在那里，他发现了一些查尔斯·巴贝奇差分机的部件。

●格蕾丝编写代码，然后编程输入马克1号，这看上去很简单，她只需要在正确的纸带卷上找到正确的位置，打上正确的孔，然后按正确的顺序把纸带卷送入机器——当然，她真正的工作并非如此简单。但是在20世纪40年代，这已经是相对简单的，简单到仍然令人印象深刻。

## 调试

●有一次，当哈佛大学的马克2号计算机宕机时，人们在机器内发现了一只被压扁的大飞蛾。

●尽管大家都认为，这就是计算机术语"错误"（bug）和"调试"（debug）诞生的原因（"bug"在英语里是虫子的意思），但其实这两个术语早已存在。不过，程序员们认为这太有意思了，还把死飞蛾用胶带贴在了日志里。

## 快捷方式和子程序

●埃达·洛芙莱斯曾在19世纪预言过子程序。20世纪40年代，格蕾丝·霍珀让预言完美成真。两位女士都意识到，如果你事先将许多迷你代码放在程序库中，如指向代码的快捷方式，就能降低计算机编程的难度。

**53**

●这些迷你代码被称为"子程序"，是一些你会反复用到的代码包。如今，程序员仍然依靠子程序库来工作。

## 零号版本

●后来，格蕾丝为尤尼瓦克（UNIVAC）编程。这台计算机是发明家"普莱斯"·埃克特与约翰·莫奇利继合作开发埃尼阿克之后，再次合作开发的突破性计算机。

●格蕾丝让计算机做的事越来越复杂，她编写的程序也变得越来越复杂，这让她十分痛苦。格蕾丝需要一种能够辅助她编写程序的程序。

●于是，她编写了一个这样的程序，而今天的我们将这类程序称为"编译器"。

●格蕾丝编写的编译器是首创，因此，她称其为"A-0"，也就是算术语言零号版本（Arithmetic Language Version Zero）的意思。

## 如此务实

●格蕾丝一直致力于改进 A-0，之后，她又开发了A-1、A-2、A-3（"ARITH-MATIC"）、AT-3（"MATH MATIC"）和 B-0（"FLOW-MATIC"）。

●她一直在寻求改进代码的方法，因此，她将这些编译器发送给朋友和同事，想从他们那里取得帮助和建议。

●今天，开发软件的社群仍以类似的方式运作，互相共享代码而不是保密。

# 54

# COBOL 语言

● 1959 年，格蕾丝参与开发 COBOL 语言。
● 50 多年后，全球各地的计算机仍在使用这种语言。
程序员使用 COBOL 语言编写了数千亿行程序代码。

```
IDENTIFICATION DIVISION.
PROGRAM-ID. ACobolHello.
* how to say hello
PROCEDURE DIVISION.
    DISPLAY 'Hello!'
    STOP RUN.
```

55

# 走向未来

● 格蕾斯为美国海军服役了 43 年。她两次想要提前退休，但每次美国国会都改变规定，以便能将她召回现役。

● 当她终于从海军退役时，已经 79 岁了。

● 即便如此，格蕾丝也没有休息。她又去了美国数字设备公司（DEC），也就是现在的惠普公司，在那儿培训新的程序员。

他们来找我，说："你认为我们能做到吗？"我说："去试试吧。"

——格蕾丝·霍珀

你会怎么做？

● 格蕾丝·霍珀的老板霍华德·艾肯要求她写一本包含马克 1 号所有编程知识的书，最后，她写了一本 500 页的书。有什么有趣而复杂的内容能让你写一本 500 页的书吗？什么类型的书写了 500 页你还想读？

● 即便在问世 50 年后，COBOL 语言依然常用。你还知道哪些发明也使用了这么长的时间吗？

# 1947 ON

# 一九四七年：

# 锗、嫉妒和晶体管

● 一台智能手机中有超过 20 亿个晶体管。

● 为了满足需求，每一天的每一秒，工厂都要生产约 8 万亿个晶体管。一秒内生产出来的晶体管数量，超过了银河系中恒星或宇宙中星系的数量。

● 据估算，我们已经制造的晶体管超过了 29 000 000 000 000 000 000 000 个。

技术：晶体管——可以增大电流的通断开关

发明者：贝尔实验室的约翰·巴丁、沃尔特·布拉顿和威廉·肖克利

# 真空管
# 什么东西?!

●第一批计算机的开关是实实在在的开关:上下滑动或左右摆动的操纵杆。通过拨动和摇摆来开关,这意味着早期的计算机被限定在慢速模式。你可以自行测试:尽可能快地拨动电灯开关。你能有多快? 无论你有多努力,你永远都不可能赶上现代计算机开关的速度。

●真空管是继机械开关之后的又一大进步。它们能迅速地开和关,速度就如同在电线中流动的电流一样。(如果你想知道,那速度大概接近于光速。)幸亏有了真空管,我们才有了收音机、电视机、电话和雷达,因此,我不想批评真空管。但如果真的要说实话,那么真空管很差劲。它们占用的空间很大,温度永远过高,还经常破碎。

●计算机世界已经有更好的东西来替代真空管,是什么呢?

## 创意工厂

●亚历山大·格雷厄姆·贝尔这个名字是不是听起来很耳熟?

●是的,他发明了电话。好吧,亚历山大用销售电话赚的钱创立了研究实验室。他不太谦虚地将其命名为"贝尔实验室",又名"创意工厂"。

●亚历山大的计划是让成千上万的聪明人进驻一栋大楼,然后,让他们搞发明。这办法管用了。

# 牛群与理论家

● 威廉·肖克利在贝尔实验室的工作就是寻找真空管的替代品。他需要发明出更小、更高效的开关，还得能放大电信号。这是个疯狂的大问题，因此，他招募了专家团队来完成工作。

● 团队中有两位成员，分别是约翰·巴丁和沃尔特·布拉顿，他们共用一个办公室。

这可能是有史以来最伟大的研究团队。

——沃尔特·布拉顿

● 沃尔特在牧场上长大，放牛，他的动手能力很强。

● 约翰很聪明，他在学校跳了 3 级。很擅长理论。

● 沃尔特和约翰在一起努力寻找放大电子信号的方法，一次又一次尝试，一次又一次失败。

● 最终，在 1947 年 12 月 16 日，一件小大事发生了。他们研制出了晶体管。

● 他们把两块超薄的黄金和一小块锗贴在一起。当在金块中通入小电流时，他们注意到，流到锗块的电流会大很多。电流放大了！

● 当他们切断金块中的电流时，锗块中的电流也停止了。这是一个通断开关！

● 晶体管不怎么好看，而且只有扭转其中的某个部分，它才会工作。但是，晶体管的确成了真空管的替代品。

# 哪个名字?

快速投票的时间：为这项新发明取名，哪个最吸引人？

① 半导体三极管　　② 表面放大器　　③ 晶体管

●贝尔实验室团队投票表决，谢天谢地，"晶体管"这个名字获胜。

●这名字是由一位叫 JJ. 库普林的工程师 （也是科幻作家）提议的，他的真名是约翰·皮尔斯。

经过多年的疯狂发展，计算机领域似乎才刚进入"婴儿期"。

——约翰·皮尔斯

## 德国天竺葵

●第一批晶体管由锗制成，锗是一种在德国发现的稀有银色元素，和天竺葵无关\*。如今，晶体管由硅制成，因此，它其实就是高科技的沙子。

## 正负相吸

●电只是一种叫作电子的微小粒子的移动。电子带负电荷，因此，它们会趋向带正电荷的任何物质。这就是电流产生的过程。

●通过控制电荷，你就能控制电子的运动。如果你能控制电子的运动，就能制造出晶体管。

# 60

★天竺葵和锗元素的英文拼写相似，但二者的词源与含义不同。

●而且，将一堆晶体管连接在一起，就能制造出集成电路或微芯片。之前的计算机有半挂式拖车那么大，其中装满了许多火柴盒大小的电子管。作为这庞然大物的换代产品，集成电路却只有一个火柴盒那么小，而且，还更安静。

## 三生万物

●沃尔特和约翰迅速发布了关于该发明的消息，这让威廉嫉妒不已。他先声称这一想法值得称赞，然后私下决定做一个更好的。威廉就像一个独行间谍那样在夜间苦干，他以沃尔特和约翰的发明为基础，制造出我们今天仍在使用的"三明治"式的晶体管——结型晶体管。

●如何制作结型晶体管：

1. 在一片硅中放入多余的电子，使其带负电荷。这被称为 N 型半导体。

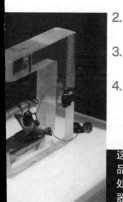

2. 在另一片硅中拿走一些电子，使其带正电荷。这被称为 P 型半导体。
3. 在两个 N 型半导体层之间塞入一个 P 型半导体层，这就形成了所谓的三明治。
4. 现在，给中间的 P 型半导体层加上正电压。负电子被吸入，从而产生电流。电压越大，移动的电子越多。

这是沃尔特、约翰和威廉制造的第一个晶体管的复制品。如今，几十亿个晶体管能被塞入数厘米宽的中央处理器（CPU）里。例如，XBox One 的中央处理器里就容纳了 50 亿个晶体管。（图片：温德尔·奥斯卡）

● 1956 年，这 3 位发明家共同获得诺贝尔物理学奖。但这无助于他们的友谊。沃尔特和约翰认为，威廉的秘密行动是背叛。团队散伙了，他俩再也没有把威廉当成密友。

## 走向未来

●跟沃尔特及约翰的关系破裂之后，威廉离开了贝尔实验室，成立了自己的公司。他毫不谦虚地称之为"肖克利半导体实验室"，并把实验室设在了美国加利福尼亚州的圣克拉拉山谷。*

●但是，威廉过得并不好。他暴躁的脾气导致他最好的 8 名员工离开了公司。这 8 名员工合称为"叛逆八人组"，他们创立了自己的公司——仙童半导体。

●"叛逆八人组"中的两人后来又成立了另一家公司——英特尔公司。这两个人的名字是鲍勃·诺伊斯和戈登·摩尔。

●戈登有个著名的预测：微芯片里集成的晶体管数量，每年会翻一番。这一预测（摩尔定律）在 50 多年内一直有效。

你会怎么做？

●贝尔实验室为晶体管申请了专利，以保护其发明。然后他们以超低价发放许可证，让其他公司能够制造并使用晶体管。你认为，他们为什么在如此短的时间内就把自己的发明分享给他人？换作是你，你会怎么做？

●你认为如何让团队获得成功？如何做才能确保团队团结协作？

★你可能听说过这个地方，今天，人们叫它硅谷。

# 1960s ON

# 二十世纪六十年代：

# 登陆月球、"小老妇人"内存与（真正的）火箭科学

●当你被束缚在"冒着火光的锡罐头"里，并以前所未有的速度从地球上发射出去时，估计你会想，但愿身边的一切都是世界上技术最先进的产品。而在 20 世纪 60 年代，世界上最好的技术，不是冰箱就是袖珍计算器。不过，你还是可以信任运载你的"烤面包机"能让你安全地进入轨道……对吗？

技术：将人类送入月球的算法和程序

来自：凯瑟琳·约翰逊、安妮·伊斯利、玛格丽特·汉密尔顿，以及其他计算员和程序员

## 速成课

● 如果你忘记了，那么再提醒你一次，月球这块不含任何奶酪成分的"巨石"，常常会出现在我们的夜空中。尽管有时它看起来离我们很近，但实际上，它与我们之间的距离超过了 356 000 千米。

● 356 000 千米有多远？好吧，你任选一辆汽车，从澳大利亚的最西端一直行驶到最东边，然后掉头再开回去。重复上述行程 44 次，大概就是这么远。

## 相差不到 1 千米

● 月球在太空中飞驰，我们也一样。因此，如果你希望在月球上着陆，但不想成为燃烧着的太空垃圾，那么"约 356 000 千米"的距离会让这个愿望实现起来非常艰难。你的计算必须完全精确，如果不能确保计算结果精确，没有人愿意登月。

如果你有一个篮球，在相距它 14 英尺（约 4 米）远之外有一个棒球，棒球代表月亮，篮球代表地球，你拿起身边的一张纸，那么，你飞行的轨道宽度只有这张纸那么薄。

——宇航员戴维·斯科特，从月球返回时说的话

● 这时，你会找谁来计算？计算机。

64

# 风洞数学

●在进行计算机模拟之前，要弄明白你新发明的机器能否飞行，有两种不错的方法：

● 1. 试飞。
优点：非常有趣（而短暂）。
缺点：可能非常危险（永远说再见）。还有，非常花钱。
● 2. 将其放在风洞中。
优点：价格便宜，没那么危险。
缺点：天哪，需要太多的计算了！！

●风洞不是真正的洞，更像是做实验的棚子。20 世纪 60 年代，风洞中装有很多巨大的风扇，可以制造出风。通过研究被试飞机周围的风是如何运动的，工程师们就知道如何改良飞机的外形。

●不幸的是，这事涉及整个复杂至极的风荷载数学计算。幸运的是，有专用的人类计算机：计算员。

# 从水星计划到阿波罗任务

●计算员们做了大量的数学运算，设计火箭，调整若干太空任务的飞行路线，其中包括：

● 水星计划（当时我们还在研究如何绕地球轨道飞行）
● 阿波罗 11 号任务（尼尔·阿姆斯特朗与同伴们飞向月球）
● 阿波罗 13 号任务（当时因飞船上的氧气瓶爆炸，此次未能登上月球，机组人员必须进行临时紧急维修，才能安全返回地球……他们做到了吗？你永远不知道答案！永远!*）

**65**

★剧透警告：是的，他们做到了。你应该看完电影《阿波罗 13 号》。

# "水星 – 宇宙神 6 号"任务

● 凯瑟琳·约翰逊是美国国家航空航天局（NASA）太空任务组的技术员，而她最初是计算员。她为"水星 – 宇宙神 6 号"任务完成了一些困难的数学运算。

● "水星 – 宇宙神 6 号"任务是美国首次尝试将宇航员送入太空轨道。这名宇航员名叫约翰·格伦，他非常勇敢。那时没人知道喷着气飞向太空的飞船会对人类产生什么影响，当然，也无法保证约翰能回来。

● 约翰既胆大又心细。即便台式计算机已经计算出其飞行路线，约翰仍要求计算员凯瑟琳一次又一次复核所有内容，以防万一。

## 迎接挑战

● 凯瑟琳亲自计算完所有的数学问题，超负荷工作了无数个小时。只要出现一个小小的错误，都会导致约翰与我们永别。

● 凯瑟琳的计算很准确：她的计算结果与计算机一致。约翰满意地飞向了太空。

● 约翰的任务成功了，为之后的登月任务铺平了道路。该任务还提供了非常有说服力的证据，让人们信任这些电子设备与线路能得出正确的结果，从而为计算机

**66** 革命开辟了金光大道。

# 在 NASA 的生活

● 孩提时期的凯瑟琳就热爱数学，她喜欢数脚步声和叉子。她 10 岁就上了高中，18 岁读完大学，数学和法语都斩获高分。毕业后，凯瑟琳当上了数学老师，她爱这个工作。

● 但凯瑟琳不想止步于此……34 岁时，她听说美国国家航空咨询委员会（NACA，很快就会更名为 NASA，其中的 "S" 代表"太空"）在招聘数学岗位的工作人员。凯瑟琳前去应聘……但没通过。

● 第 2 年，她再次应聘……这次她得到了这份工作！

● 凯瑟琳一直为 NASA 工作了 33 年，直到 1986 年。

我每天都在做自己喜欢做的事情，来这里工作一直很开心，也很享受。

——凯瑟琳·约翰逊

# 长大后，我想成为……

● 安妮·伊斯利一直想当护士。不幸的是，她考入的大学没有那种课程，安妮不知该怎么办。

● 嗯。嗯。嗯。

● 后来，她得知 NASA 有关于数学的工作，还意识到自己也一直想成为数学家。

不管你年龄多大，也不管你 16 或 18 岁时想做什么，这些都无所谓，之后再改变主意，乃至改变领域也都没关系。因为，我们要让自己保持灵活。

——安妮·伊斯利

67

● 安妮得到了这份工作。她在 NASA 工作了 34 年。

● 她起初是计算员，当机器取代了计算员后，她做了程序员，从事火箭、混合动力汽车及其他设备软件开发。

你能随心所欲。外表如何、身材如何、肤色如何，这些都没关系。你能做任何想做的事，但必须努力。

——安妮·伊斯利引自母亲的建议

# 阿波罗制导 计算机

● 阿波罗制导计算机不宕机、能热插拔。它负责将火箭安全地送上月球。与当今的技术相比，它的"大脑"运算速度"感人"，尺寸就一个豌豆那么丁点儿大。

但在当时而言，阿波罗制导计算机是前所未有的，它……

● 可能是世界上首台嵌入式计算机：整机能装入重 13 吨的航天器中工作。

● 超轻：它由晶体管组成了大约 4000 个集成电路（当今微芯片的祖先）。在那时，NASA 订购并使用了全球一半以上的集成电路！

● 操作方便：宇航员只需按一下按钮就能顺畅地操作它。如果宇航员因在寒冷黑暗的太空中高速飞行而惊慌失措，忘记该按哪个按钮，墙上贴着一张打印出来的说明书可供提示。呼！

## 68

阿波罗制导计算机，简称 AGC，及其控制界面（显示器和键盘）。

# 编码纸板

● 跟埃达·洛芙莱斯一样,玛格丽特·汉密尔顿的父亲也是一位诗人。跟埃达一样,玛格丽特也爱上了数学和逻辑。她成了核心程序员,带领由数百名编程人员组成的团队,为阿波罗任务编写软件。

● 想试着为阿波罗任务软件编程吗?下面就是你要做的工作:

● 确定你想要计算机执行的操作,然后使用 MAC 语言(MIT Algebraic Compiler)来编写指令。

● 将 MAC 代码转换为二进制的 0 和 1,让计算机能够看懂。

● 将这些 0 和 1 转化为编码打孔图案。

● 将这些孔打在硬纸板上,再把硬纸板送入计算机,这样你就能在地球上使用计算机模拟飞船登月。

● 测试代码,再次重新测试,交叉测试,以及再次核验,直到满意为止。

● 然后(这是最难的部分),用长铜线将代码织入微型磁环:如果将电线穿过环,则为 1;如果电线绕过环,则为 0。*

● 完成这些你就可以飞向月球了。太简单了。

1969 年,美国宇航局的玛格丽特·汉密尔顿。看到她旁边那一大摞纸没?这就是她和她的团队成员为阿波罗计划编写的代码,这些代码随后会织入 AGC 的内存中。

★织入团队的昵称是"小老妇人"(Little Old Ladies),因此,编织码简称为"LOL 内存"。

我们去食堂吃饭时，宇航员会向我们表示感谢。

——玛丽·罗·罗杰斯，

她的工作是将阿波罗任务的程序用电线织入只读内存

## 错误！错误！

● AGC 很厉害，但你不能要求它同时做两件事。否则，计算机会超载，并会闪烁出可怕的"1202"错误代码。假如你正在飞向月球，出现这种错误会很麻烦。

● 一个史诗级可怕时刻是，当尼尔·阿姆斯特朗和巴兹·奥尔德林进入"鹰号"登月舱时，"1202"错误出现了，而这是人类历史上第一次在月球表面着陆……

● 1202.

● 1202.

● 没有人恐慌（恐慌？！），尼尔问控制中心该怎么办，控制中心不知道，所以控制中心又问房间里的其他人该怎么办。

● 大多数人没有头绪，但程序员杰克·加曼知道。他说："兄弟们别担心，因为你们就要登月了。"诸如此类的话。

● 作为编程团队的成员，杰克对该软件了如指掌，他也相信一切都会好起来的。这台计算机之所以出现警报，是因为它每次只能处理一个任务。这本来没问题，因为编程时的思路就是，计算机首先处理最重要的任务，

**70**

而最重要的任务是安全着陆。尼尔和巴兹忽略了该错误，"鹰号"成功降落，

完美!

●对人类来说,这只是一小步,对信息技术辅助岗的工作人员而言,这是一大飞跃。

## 走向未来

● NASA 正为人类前往火星的旅程做准备,他们希望能让宇航员在 2025 年之前登陆小行星,在 21 世纪 30 年代登陆火星。为此,他们需要最好的科学家、工程师和计算机程序员。2025 年时你有多大了? 也许那时的你正好是申请这些职位的最佳年龄。

### 你会怎么做?

●凯瑟琳和安妮在 NASA 工作时,有同工不同酬的现象,女性的工资比男性低,而且当时的人们都认为这很正常。另外,黑人的工作机会比白人少,这也被认为是正常的。在你看来,时至今日,这些差异依然存在吗? 你如何看待这些问题?

●假设你正在应聘前往火星的航天员。请写一份简历,列出你的技能,并解释这些技能为什么很重要。你能说服人力资源部门选择你吗?

# 1968 ON

# 一九六八年：

# 记忆扩展器、所有演示之母和小蜜蜂

●等一下。现在，我们已经有了微芯片，还有了编程语言。但是，计算机仍然跟房子一样大，还跟房子一样贵？而且，仍然只能供少数人使用？

●嗯，我认为这完全不够。实际上，我认为整个计算机领域将趋于个人化。

技术：一台专属于你的完整计算机——内存和所有功能

控制者：没错，是你。一台个人计算机，只属于你（好吧，还有你的家人），甚至能放在你的桌上

## 拥有你的记忆扩展器

●回到 1945 年，一位名叫万尼瓦尔·布什的人有了一个灵感：

> 想象一下，将来会有专供个人使用的设备，一个能够存储个人文件的机器……能满足扩展人类个体记忆的需求。

——万尼瓦尔·布什

●万尼瓦尔将此设备命名为"记忆扩展器"，而他本来可以将其称为"个人计算机"或"掌上电脑"。而且，对个人计算机梦寐以求的人，并不止万尼瓦尔一个。

## 所有演示之母

●当道格拉斯·恩格巴特读到万尼瓦尔"记忆扩展器"的消息时，他的灵感爆发了。

> 帮助人们工作和思考，这整个概念让我感到很兴奋。

——道格拉斯·恩格尔巴特

●道格拉斯一直积极寻找让机器和人协同工作的方法。1968 年，他向 1000 人演示了他的设想。这次演讲被称为"所有演示之母"。短短 90 分钟，给所有人留下了深刻的印象，几乎改变了整个世界。

●他展示了许多先进且令人赞叹的技术：

# 74

● 看哪！光标！
● 展示……鼠标！
● 大家快来看！每个程序都有自己的窗口！
● 他还展示了自己的计算机能连上附近大学朋友的计算机。

## 艾伦·凯的发掘

● 艾伦·凯那天病得很厉害，但他依然乘飞机去看了道格拉斯的"所有演示之母"。

我生病了，发抖、走不动路，但我一定要去现场。

——艾伦·凯

● 但这次行动太值得了，艾伦爱上了这个演示。
● 多年后，当艾伦在施乐公司帕罗奥多研究中心任职期间，他努力将道格拉斯的许多想法变为现实：

● 位图：能独立操作计算机显示器上每个像素，你能用这种方法绘制精美的图片、用精美的字体、玩精美的游戏。
● 以太网：一种把办公室中的计算机都连接起来的方式，就像建造微型互联网。
● 电脑鼠标：你的每一次点击，都要感谢道格拉斯。

## 创造未来

● 艾伦的爸爸是澳大利亚人，也是生物学家。他的妈妈则是音乐家。艾伦小时候，他们一家在澳大利亚生活了几年。

到上学的时候，我已经读了几百本书……其中有一本书
是威利·莱写的《火箭、导弹和太空旅行》。
让我印象最深的是，当你从一个星球航行去

**75**

另一个星球时，你不会以通常的方式前进。你不能将飞船对准行星的当前位置，而必须把飞船对准行星将来所在的位置。

——艾伦·凯

● 这成了艾伦人生哲学的基础，也是他最著名的名言。

预测未来的最佳方法就是创造未来。

——艾伦·凯

# 小语言，
# 大愿景

● 艾伦的梦想是制造简单到孩子也能使用的个人计算机（价格要便宜，让父母能负担得起）。他称其为"动态笔记本"（Dynabook）。他还创建了一种供孩子使用的编程语言，称为"Smalltalk"（字面意思是"小语言"）。他为自己的梦想而奋斗（几乎是终生奋斗，倾尽全力）。

我白天的很多时间都是在帕罗奥多研究中心外度过的，打网球、骑自行车、喝啤酒、吃中国菜，不停地谈论"动态笔记本"。

——艾伦·凯

## 我爱饼干
## 位图

● 尽管艾伦的"动态笔记本"从未被制造出来，但"临时动态笔记本"的计划获得了批准。艾伦和施乐公司帕罗奥多研究中心的团队将其命名为"施乐奥多"（Xerox Alto）。为了展示这台电脑的位图映射功能，团队还在其中添加了甜饼怪的图片，并附上字母"C"（英文饼干 cookie 的首字母）。

● 施乐公司生产了数千台施乐奥多，但施乐公司的老板们只看中它的图片复印功能，并不了解施乐奥多的真正潜力。

在社会上，计算机永远不如复印机那样重要。

—— 一位不知名字的施乐老板

## 我也爱
## 施乐奥多

● 幸运的是，其他人看到了帕罗奥多研究中心发明的价值。

● 其中一位名叫史蒂夫·乔布斯*。1979 年，史蒂夫·乔布斯前往帕罗奥多研究中心，参观了艾伦正在售卖的东西……

● 史蒂夫目瞪口呆……一参观完他就赶回家开始工作。

**77**

● 他并不是首位去参观奥多电脑的人。

★你听过史蒂夫的名字吗？他与其他人一起创立了一家名为"苹果"的小公司……

在史蒂夫之前，也许有 1000 多人看过奥多电脑和 Smalltalk 语言的现场演示。

——艾伦·凯

●但史蒂夫是第一个用双手抓住奥多的潜力，沿着这条路一路狂奔、兴奋欢呼的人★。

## 小蜜蜂起飞

●同时，在澳大利亚……

●欧文·希尔和高中刚毕业的马修·斯塔尔，一起为他们的个人计算机奋斗着。欧文和马修称其为"小蜜蜂"，1982 年，他们开始销售"小蜜蜂"。

●尽管 IBM、苹果和康懋达公司掌控了北半球的个人计算机市场，但在南半球，"小蜜蜂"十分热销，甚至远销瑞典和俄罗斯。

# 78

★不确定这是不是一个隐喻。

# 走向未来

●数以万计的"小蜜蜂"被运出。澳大利亚各地的学校在教室中使用它。不断有新型号研发和上市。在那个时期,"小蜜蜂"的前景看起来不错,可能会永远飞下去。可惜的是,它无法与大型公司匹敌。

**你会怎么做?**

●"小蜜蜂"原来的代号是没什么感觉的"Edcom"。但是欧文和马修想要更好记的名字,于是他们就改为"小蜜蜂"。你认为名字会影响产品的受欢迎程度吗?举出一些名字很糟的热门产品,你会给它们改成什么样的名字?

●小蜜蜂公司破产后,欧文发挥自己的技能和创意,成立了一家名为"地球安全"(Earthsafe)的新公司。想一想,如果你诸事不顺,你能否将你的技能和创意应用到新的事务上?

●艾伦·凯的著名言论"预测未来的最佳方法就是创造未来",请你画出一种在将来可能有用的设备,并写出详细说明:它有什么作用?怎么帮助人们?它能有助于我们的可持续性生活吗?

在本节结束之前,我们来看看道格拉斯设计的首个计算机鼠标。你能看到底部的两个滚轮之一,这个滚轮用来让光标在显示屏上移动。

# 1970s ON

# 二十世纪七十年代：

# 排障星期二俱乐部、美式松饼和超速罚款

● 软件曾是硬件的不起眼的表亲，没人认为它特别有用或看上去很不错。实际上，它是免费的，会预先安装在你的计算机上。说真的，谁在乎软件，对吗？

● 1974 年 12 月的一天，一位名叫比尔·盖茨的数学系学生开始怀疑：软件会不会比硬件更重要？如果控制你的计算机的程序变得比计算机更重要会怎么样？

技术：微软初学者通用符号指令代码（Microsoft BASIC）

发明者：比尔·盖茨、保罗·艾伦，以及一群吃比萨、喝可乐、写程序的孩子

# 专注于成功

●终其一生，比尔·盖茨都渴望成功。当他还是个孩子时，他就花了大量时间去精进自己的特殊技能，如网球发球、熟记讲稿和从垃圾桶中跳出来。（没开玩笑。）

当心，如果不成功，可能会受伤。

——比尔·盖茨，跳过办公椅，跳出垃圾桶

●他喜欢跳跃，他还超级聪明。然而，他跟不那么有天分的孩子相处得不太好。

比尔羞辱他人的句子包括：

●太蠢了。

●这是我听过的最愚蠢的事。

●这完全是脑残。

关于比尔：

●他的真名是威廉·亨利·盖茨三世。

●他童年时的昵称是"老三"（Trey，来自法语中的"三"）。

●他雄心勃勃，希望将来能拥有一家软件公司，雇用35名程序员！！

# 高中黑客

●高中时，比尔自学了编程。上学前、放学后、午餐时间，甚至到深夜，他都在学习。

81

●比尔跟伙伴们会挤在学校仅有的计算机终端周围，这台终端连接着计算机公司的异地分时主机。连接计算机的费用为每分钟 4.8 美元，由学校的家委会支付。（谢谢，爸爸妈妈们！）

● 但比尔想，为什么要付费玩呢？

● 他和朋友保罗·艾伦当了回黑客，让自己成了免费账户。太棒了！当然，他们都被抓住了，几个月内被禁止使用计算机。一点儿也不棒！

> 我发誓，远离计算机一些日子，试着恢复正常生活……我读《拿破仑传记》和《麦田里的守望者》之类的小说，以此打发时间。

——比尔·盖茨

## 从犯错中
## 学习……

● 一年后，使用电脑的费用涨为每小时 15 美元，16 岁的比尔及其同伴再次黑入账户，也再次被抓。

● 为避免被禁止使用电脑，他们提出为计算机公司免费编写软件。嗯，他们说会努力工作以换取免费的使用时间。他们的提议被接受了。

● 孩子们用 COBOL 语言（还记得格蕾丝·霍珀吗？）为这家公司编写工资管理软件。作为交换，他们获得了价值 18 000 美元的电脑免费使用时长。

82

# 计算机黑客
# 俱乐部

● 同时，比尔和伙伴们把他们的计算机俱乐部命名为"湖滨编程小组"。

● 有了如此严肃的名字，他们引起了广泛的关注。计算机公司给他们提供免费样机，甚至还有编程合同！很快，俱乐部成员被雇去试用新计算机*。太棒了！更棒的是，马路对面还有家比萨店。

## 任务：试用

注意：湖滨编程小组的成员们

● 我们的任务：尽可能多地使用这台计算机，让它崩溃，以发现所有隐藏的故障。

● 首选技术：不分白天黑夜地花时间阅读并记住《计算机手册》，然后编程序、疯狂地玩游戏，极限运行机器。还有，吃比萨。

"老三"很喜欢它，他甚至在我们上床睡觉后偷偷从地下室的门溜出去，去公司消磨整夜的时间。

—— 比尔·盖茨的父亲

83

★ 他们与绰号"鼻涕虫"的史蒂夫·罗素合作，后者是最早的计算机游戏《太空大战》的创作者。

# 翻垃圾

● 比尔与伙伴们知道，如果他们能够拿到计算机的源代码（如何为计算机编程的详细说明），他们就能学得更快。作为纯粹的学生，他们是被禁止接触源代码的，直到……

● 一天晚上，保罗协助比尔爬上了大楼后面的垃圾桶。比尔翻遍了所有的垃圾，找到了源代码的打印件。

我们把那珍贵的宝藏带回终端室，仔细研究了几个小时。

——保罗·艾伦

# 星期二俱乐部

● 在校期间，比尔被要求编写程序来安排整个学校的课程。他写的软件能避免资源冲突、管理所有教室，还能为比尔和他的同伴空出星期二下午的时间。他们自称为"星期二俱乐部"，并为此定制了T恤。

**比尔的周末有趣事务清单**

● 比尔超级聪明，超级专注，喜欢超级出格的生活。他想做的趣事：

● 买红色的野马敞篷车，以最高速飙车。

● 用疯狂的快艇牵引降落伞滑雪。

● 在30岁之前赚100万美元*。

84

★哇！实际上，他在30岁之前赚了3.5亿美元。

**比尔的周末叛逆事务清单**

● 比尔讨厌规则，有时是无缘无故的。他想做的疯狂事:

● 不上任何预约好的课程，只去上未预约的课程。

● 在销售软件之前不编写软件:先售出，然后再编写。

● 别乱堆美式松饼:比尔打破了乱堆美式松饼的世界纪录。

# 比尔打破纪录的
# 数学作业

● 这是比尔在哈佛大学提出的美式松饼分类数学问题:

● 我们这个地方的厨师很马虎，他煎了一堆美式松饼，但每个美式松饼的大小都不同。因此，我把美式松饼端到客人桌上前会把这些美式松饼翻面，重新排列，把最小的放最上面，最大的放最下面。如果有 n 个美式松饼，那么我至少要翻多少次（作为 n 的函数）才能排列好?

● 比尔的答案是:每个美式松饼需要翻约 1.67 次。

## 微软诞生了

● 比尔还在上大学时\*，就和保罗编写出了让他们成名的作品。他们设计的软件能让计算机迷在新的 Altair 8800 微型计算机上编写自己的 BASIC 程序。

● 最大的挑战是，他们的整个软件

1975 年，Altair 8800 计算机还没有配备酷炫的透明机箱。

★大学有多酷? 太酷了。你能结识新朋友、学习新事物、分享知识，还能尝试怪异的发型。

只能有 4000 个字节：计算机可用的内存就这么大。

● 比尔与保罗互相竞赛，看谁能用最少的代码写出来。最终，他们仅用了 3200 个字节（大约一页纸）就完成了整个程序。他们称自己的作品为"Micro-Soft BASIC"，后来又变成了大众熟知的"Microsoft"。

每周计划：

● 连续几天编程。

● 昏睡约 18 小时。

● 醒来，伸懒腰，再次开始编程。

● 在需要时往嘴里塞比萨。

## 海盗宝藏

● 1975 年，一份 Microsoft BASIC 的打孔纸带最终编码完成，出现在"家酿计算机俱乐部"（Homebrew Computer Club）*中。

● 俱乐部认为软件应该是免费的，因此，其中一个成员丹·索科尔偷偷为其朋友制作了打孔纸带的副本。很快，盗版软件出现在各地，人们都高兴地使用着，又再分发给别人。

● 20 岁的比尔很生气**。他昼夜不停地为软件编写代码，而现在这个软件却能免费获取。对劳动的尊重在哪里？！

● 比尔统计了一下，在 BASIC 的用户中，有 90% 的

★ 在这个计算机迷俱乐部的成员里，有两位因苹果公司迅速出名的"史蒂夫"：史蒂夫·乔布斯和史蒂夫·沃兹尼亚克。

★★ 比尔可能忘记了，他也曾经入侵计算机系统获取免费内容。例如，Microsoft BASIC 的大部分代码是用大学的免费计算机账户编写的。

用户没有付费。这意味着，他在编程上花的所有时间，每小时只值 2 美元。

● 但是，所有的盗版副本产生了意想不到的财富：突然间，Microsoft BASIC 得到了普遍应用。如此多的人使用 BASIC，使它迅速成为标准软件。几年后，当微软发布 Windows 操作系统时，人们毫不犹豫地掏钱购买。

# QDOS 升级成
# MS-DOS

● 之后，微软偶然获得了一份价值不菲的合同，为硬件巨头 IBM 公司编写软件。（原本另一家公司排在他们前面，但就在 IBM 会议的当天，那家公司的老板乘私人飞机外出了，因此，比尔顶替那家公司获得了这份合同。）

● 不幸的是，微软根本没有时间来开发这个软件。因此，他们另辟蹊径，从另一家公司购买了一些能用的代码，并在此基础上进行改进。

● 微软的团队将 QDOS（the Quick and Dirty Operating System）改成 MS-DOS（the Microsoft Disc Operating System），即微软磁盘操作系统。

● IBM 喜欢 MS-DOS，他们只是将名称更改为 PC-DOS（Personal Computuer Disc Operating System），即个人计算机磁盘操作系统。

87

● DOS 成了几十年来的标准操作系统。

```
C : / DOS
C : / DOS /RUN
RUN/ DOS /RUN
```

## 走向未来

●后来，微软成为世界上最大的软件公司，销售电子邮件、互联网、游戏等领域的软件。微软拥有约 10 万名员工，市值约 2000 亿美元。大大超过了比尔当初想雇用 35 人的目标。

### 你会怎么做？

●在微软成立之初，比尔的庆祝方式是：买保时捷 911、超速驾驶。结果他被捕入狱，一次性获得 3 张超速罚单。你认为不顾后果的性格对创新重要吗？你认为比尔的行为合适吗？

●软件曾经是免费赠品，购买计算机时免费赠送。微软的产品策略改变了这个观念，让软件成为能在大部分硬件上运行的通用元素。你能想到其他改变我们的思维方式、瓦解现行市场或产品流通方式的例子吗？

●比尔在巅峰时期的身家超过 1000 亿美元。他与妻子承诺将 95% 的家产捐赠给慈善机构。在相同情况下你会怎么做？请你给自己制订一个分配现金的计划吧。

88

他的发型
也没那么糟……

# 1970s ON

# 二十世纪七十年代：

# 奶油苏打水、蓝盒子和家酿计算机俱乐部

● 如今，苹果公司每年的利润超过 400 亿美元。一切始于两个名叫史蒂夫的孩子。

科技：Apple I 家用电脑

发明者：史蒂夫·乔布斯和史蒂夫·沃兹尼亚克

史蒂夫·沃兹尼亚克做的酷玩意儿
- 2 年级：水晶收音机
- 5 年级：对讲系统，给邻居的孩子们聊天用
- 6 年级：海利克拉夫斯*短波收音机
- 高中：看起来很像炸弹的嘀嗒节拍器（更新：校长听到它在我的储物柜中嘀嗒作响，打电话给了拆弹人员 !!!）

## 你好？基辛格来电

- 1971 年的一天，史蒂夫·沃兹尼亚克遇到了比他小 5 岁的热爱技术又实干的有趣人物史蒂夫·乔布斯。两位史蒂夫成为了好友。
- 他们一起上大学，在宿舍里有了第一个商业创意：制作和销售蓝盒子。
- 蓝盒子运用黑客技术，让人们可以拨打免费电话。盒子能发出各式各样的编码音，去扰乱并控制电话交换机。你能用蓝盒子拨打大部分想拨的电话，而且是免费的。还有，你用家里电话拨出时还不会被发现。
- 史蒂夫·沃兹尼亚克设计了蓝盒子。史蒂夫·乔布斯则卖弄口才，在大学的走廊里穿梭着推销蓝盒子。

之前，我从未设计过如此让自己引以为傲的电路。直到现在，我还是认为蓝盒子精妙非凡。

——史蒂夫·沃兹尼亚克

- 史蒂夫·沃兹尼亚克还曾假装美国政治家亨利·基辛格，用蓝盒子给教宗打恶作剧电话。

## 90

★ Hallicrafters，一家创立于 20 世纪 30 年代的专门制造小型无线电设备的公司。

# 比萨店抢劫

●两位史蒂夫在一家比萨店推广自己的业务时，有两个人说想购买蓝盒子，史蒂夫·乔布斯向他们展示了自己的产品。那两个人拔出枪，抢走蓝盒后溜了。奇怪的是，这两个贼在逃走之前居然留下了自己的电话号码。

他们不知道怎么使用蓝盒子，就给了我们一个电话号码，好让我们帮他们。

——史蒂夫·沃兹尼亚克

**蓝盒子账目**

●制造成本：每个盒子的零件成本 40 美元
●销售价格：每个盒子售价 150 美元
●利润：每个盒子可以赚到 110 美元！噢！噢！

# 飞客

●电话黑客是专注于入侵电话线路的人，也叫"飞客"。早期的电话线路是用一系列经过特殊编码的声音来控制的。而且，早期拨打电话，尤其是拨打长途电话，十分昂贵。而飞客一直在想方设法免费打电话。

●蓝盒子的灵感来自世界上最早的飞客—— 约翰·德雷珀。约翰用在嘎吱船长牌麦片中附赠的哨子，骗过了电话系统，达到了免费打长途电话的目的！

# 别占着电话!

● 互联网开放后,飞客变得更加强大。这是因为当时的互联网都是通过电话线连接的。(这也让人讨厌:大多数家庭只有一条电话线,因此你无法一边给朋友打电话,一边上网。)

● 通过控制电话线路,飞客能让网络连接或断开,给互联网指定路由或重新定向路由。这意味着他们可以舒服地躺在卧室里,侵入世界各地的计算机,不用花一分钱。

## 找到真正的工作

● 两位史蒂夫都开始为计算机公司工作。

● 史蒂夫·沃兹尼亚克在惠普公司工作,设计电子计算机。

● 史蒂夫·乔布斯在雅达利公司工作,设计电脑游戏。但因为他不喜欢洗澡,也没有礼貌,所以老板让他上夜班。老板还给了他一些狡猾的建议。

我告诉他,假装自己能掌控一切,人们会以为你真的能。

——诺兰·布什内尔,史蒂夫·乔布斯当时的老板

## 奶油苏打水之力

● 下班后,史蒂夫·沃兹尼亚克在制造计算机和玩游戏上花了很多时间。当时的计算机没有屏幕,因此他把计算机连接到电视上去玩游戏。

**92**

●他最喜欢的技能是用更少的芯片来重新设计惠普计算机。他仅用了 20 个芯片就设计出了自己的计算机。这台计算机没有屏幕、没有键盘，但有许多闪烁的灯。

●他与一位朋友一起建造了这台野兽般的机器，并命名为"奶油苏打计算机"。因为在发明它的时候，是克拉格蒙特牌的奶油苏打水——一种香草味的含糖汽水——为他们提供了能量。

## 自制计算机俱乐部

●独自在卧室里制造计算机可能是一件孤独的事，于是，史蒂夫·沃兹尼亚克留意到下面这张传单：

---

业余计算机用户小组
自制计算机俱乐部
……随便你怎么叫它

你正在制造自己的计算机吗？终端？电视打字机？输入输出设备？或别的数字黑魔法盒子？

如果是这样，你可能想跟志趣相投的人一起，交流信息、交换想法、开讨论会、项目互助，或干点儿别的……

我们将于 3 月 5 日星期三晚上 7 点在杰登·弗伦奇家中聚会，地址是门洛公园（马什路附近）第 18 大道 614 号。

如果你在那个时间不能前来，请给我们留下名片，以便下次聚会。

希望你能来。Altair 计算机的发明者将要到场。

不见不散！
弗雷德·穆斯

---

●史蒂夫·沃兹尼亚克非常怕羞,但他还是鼓起勇气去参加聚会。在家酿计算机俱乐部的第一次聚会上,他听说了英特尔的新型微处理器,这是一种微芯片,具有改变世界的力量。

那个夜晚成了我一生中最重要的夜晚……个人计算机的发展全景,突然浮现在我的脑海里。我在纸上画出后来被称为"Apple I"计算机的草图。

——史蒂夫·沃兹尼亚克

## 免费,到这里付费

●家酿计算机俱乐部的宗旨是免费分享大家对计算机的热爱。史蒂夫·沃兹尼亚克遵循这种宗旨,把他设计的计算机图纸复制了数十份,共享给大家。

●但是,史蒂夫·乔布斯了解了史蒂夫·沃兹尼亚克的作品后有了不同的想法,这些想法都闪耀着美元的光芒。

每次我设计出很棒的玩意儿时,史蒂夫都会找到为我们赚钱的方法。

——史蒂夫·沃兹尼亚克

## A 代表着魅力

● 1976 年愚人节,以史蒂夫·沃兹尼亚克的杰出设计为基础,两位史蒂夫创立了自己的计算机公司。他们

**94**

将其命名为"苹果"(Apple),因为以 A 开头的名字在广告中非常管用,又或

许是因为史蒂夫·乔布斯时不时会去苹果园。

● 史蒂夫·乔布斯希望苹果计算机成为"极品"。
Apple I 计算机刚一推出，第一批手工制作的 200 套
计算机就售罄了。但 Apple I 计算机基本上就是块电
路板：外观不怎么好看。

● 到 1977 年 Apple II 计算机上市，你就能看到史蒂
夫·乔布斯的理念在发挥作用。

● Apple II 计算机与其他个人计算机完全不同：

● 看起来很诱人：史蒂夫的设计让 Apple II 计算机看起来
像昂贵的厨具。

● 附带了预装的苹果软件：没有垃圾操作系统的选项。

● 不能打开机箱：业余爱好者没有勇气去打开这个漂亮的
机箱。

● Apple II 计算机成为热卖产品，每台售价 1298 美
元，按如今的货币算超过 6500 美元。短短 3 年内，
两位史蒂夫就售出了 10 万台套机。

95

从 Apple 到 apple
（Apple I 和 Apple II）。

# 甜腻之美！

● GUI（发音与英语中 gooey 一词相似，意思是甜腻）就是图形用户界面。GUI 以漂亮的图标图片来代表不同的应用程序和功能。比如 📁 意为存储文件，而 🗑 意为删除文件。

## GUI 到底是谁发明的？

●不是两位史蒂夫。尽管他们在 1983 年发布的丽莎计算机，以及 1984 年发布的第一批麦金塔计算机中都采用了图形用户界面。

**优秀的艺术家照抄，伟大的艺术家窃取。**

——当被问及窃取 GUI 创意时，史蒂夫·乔布斯引用了毕加索的话

● 也不是比尔·盖茨。他于 1985 年发布的微软 Windows 1.0 版本中也采用了图形用户界面。

**我认为事情是这样的，我俩都跟那个叫施乐的有钱人做邻居，我闯入他家去偷电视机，但发现你已经捷足先登了。**

——比尔·盖茨回应史蒂夫·乔布斯指控他从苹果窃取 GUI 创意

●实际上，图形用户界面是老伙计道格拉斯·恩格巴特（发明计算机鼠标的那个人）的想象，并于 1973

**96** 年由施乐公司的智库——帕罗奥多研究中心——开发出来的。

# 走向未来

● 1985 年，苹果公司已经发展壮大，史蒂夫·乔布斯的行为不被其他管理人员认同，他被迫离开自己的公司。

● 但 12 年后，他重新回到苹果公司。

● 又 10 年后，苹果发布了一款改变游戏规则的全新产品，他们将它命名为 iPhone。

● 再 10 年后，苹果公司已售出 10 多亿台 iPhone。10 亿到底有多少呢？好吧，如果你用 iPhone 拨打一通长达 10 亿秒的电话，那么 30 年后你这通电话还没打完……

**你会怎么做？**

● 史蒂夫·乔布斯被自己的公司解雇，你是怎么看待的？你认为他在离开的 12 年里会如何向别人传达这种感受？你认为他回到苹果公司需要勇气吗？在相同的情况下，你会做些什么？

● 尽管苹果这样的公司赚了大量现金，但他们缴纳的税款似乎并不多，而税收要用于道路、学校和医院等的开支。一些报告显示，苹果每赚 100 万美元，只需支付50 美元的税。你认为这是为什么？这件事让你有什么感受？

**97**

# 1983 ON

# 一九八三年：
# Linux、Freax
# 与自由

●无论你写电子邮件还是编辑照片，你所用的软件都不属于你，而属于其他人，通常是软件公司。他们不希望你修改这个软件，即便这样能让你更好地使用它。怎么解决这个问题？你可以自己编写软件。然后，你就可以用它来做你想做的事情，甚至可以将其免费发布。

技术：GNU/Linux
发明者：理查德·斯托曼和莱纳斯·托瓦尔兹

# 别告诉我
# 该怎么做！

●理查德·斯托曼从来都不喜欢被掌控。

我认为我的父母是暴君。我讨厌他们的权力。

——理查德·斯托曼

●即使进了大学，他还在反抗。如果他被锁在他想去的计算机房门外，理查德会爬上屋顶，抬起一块天花板，伸进一个粘钩去拉开门把手。

●当他所在的大学要求每个人都用密码保护其计算机文件时，理查德又反抗了。不过，他还是被迫创建了密码。

●他把密码设定为无，就是字面的意思，什么都没有。这意味着任何人都可以自由阅读（并分享）他的文件，这就是他的理想。然后，他还告诉别人如何跟他一起分享。

## 人工智"障"

●你讨厌卡纸吗？理查德也讨厌卡纸。1980 年，他在一所大学的人工智能实验室工作。实验室刚刚拥有一台全新的施乐打印机，这本来是好事，但它总是卡纸，这一直是施乐公司产品的大问题。实验室各部门的人不得不花大量的时间前来查看自己打印的文件是否完成（有时只打印了一部分，有时根本没打印）。

●实验室的旧打印机也卡住了，但理查德非常轻松地

**99** 修复了那台打印机：他在打印机的软件中添加了一些代码，让打印机每次打印完都会

向文件所有者发送一条消息。如果卡住了，它也会发送一条消息。这个程序节约了大家的许多时间。

● 因此，理查德也想给施乐的打印机加上同样的功能。

● 但他没获得许可。施乐不想把打印机软件提供给他，因为这是公司的机密，只有"需要知道的人"才能修改。根据施乐公司的说法，理查德不需要知道。

● 理查德气坏了，这真是反智行为。他知道该如何解决这一问题，却没有解决问题的自由。

我很生气，我不知道该怎么表达。

——理查德·斯托曼

# !!! * $% * !?

● 对理查德来说，施乐公司的这件事是压倒骆驼的最后一根稻草。如果你无法自由地研究、升级和分享软件，那么拥有软件的意义何在？

打印机事件让我看到，非自由软件实际上是一种不公正行为。

——理查德·斯托曼

● 他认为必须改变这种状况。

# 你好，GNU！
# 就是你，GNU！

● 1983 年，理查德开始自己编写操作系统。

● 当时，许多大学的计算机都使用 Unix 操作系统。Unix 系统的价格约为 5000 美元，这可是一大笔钱，尤其是在当时。但理查德的目的是自由，而不是现金。

● 他决定将新系统称为 GNU（发音与独木舟 "canoe" 一词押韵），GNU 是 GNU's Not Unix（GNU 不是 Unix）的缩写*。因为他的 GNU 系统很像 Unix 系统，但不是同一个系统。

● GNU 与 Unix 兼容，这一点非常重要，这样，Unix 系统的用户可以轻松地转用 GNU 系统。

一旦 GNU 编写出来，每个人都可以免费获得优质的系统软件，就像空气一样……

——理查德·斯托曼

## 你不可能……

● 理查德辞职了。他继续编写 GNU，（陆续）招募了一些志愿者来帮忙。

★"GNU's Not Unix"是"GNU's Not Unix is Not Unix" 的缩写（"GNU's Not Unix is Not Unix"是"GNU's Not Unix is Not Unix is Not Unix"的缩写……你明白的，这是一个无限循环。GNU 是递归首字母缩写，这意味着其中的每一个字母都代表它自己）。

人们说："噢，这是项艰巨的工作。像 Unix 那样的整个系统，你不可能写出来。"……然后我说："无论如何，我都会做。"……我非常非常固执。

——理查德·斯托曼

● 理查德及其团队构建了几乎整个操作系统，但是 GNU 系统仍需要一个重要的组成部分——内核。

● 内核是协调所有其他软件功能的软件。如果操作系统是一个乐团，那么内核就是指挥：没有它，其他功能都不会真正起作用。GNU 系统的内核名为 Hurd，于 1990 年开始编写。

## 理查德的 4 个自由

● 在软件方面，理查德相信（并一直相信）有 4 个基本自由。他认为人们应该自由地去：

● 根据需要运行程序
● 根据需要研究和更改源代码
● 根据需要共享副本
● 根据需要共享已更改的副本

当我们说"自由软件"时，意思是它尊重用户的基本自由……是关于"言论自由"，而不是"免费啤酒"。

——理查德·斯托曼

每个人都可以销售我的作品。自由销售副本是自由软件定义的一部分。

——理查德·斯托曼

## 制定规则······

● 与此同时，1991 年的芬兰，21 岁的莱纳斯\*·贝内迪克特·托瓦尔兹开始编写一款让他成名的软件。

● 莱纳斯的父母是记者，他的祖父是（你猜对了）一名诗人。11 岁那年，他开始写程序，写的第一段代码是，让计算机赞美他妹妹，一遍又一遍\*\*：

> Sara is the best Sara is the best Sara is the best
> Sara is the best Sara is the best_

● 莱纳斯写得越多，就越喜欢编程。

你得用自定的规则来创造自己的世界。

——莱纳斯·托瓦尔兹

## 大家好

● 回到 1991 年：莱纳斯特别想购买属于自己的个人计算机。他用圣诞节得到的钱和申请的一笔学生贷款去买了他能买到的最好的机器，但他很失望。这台计算机使用的是 MS-DOS 系统，也就是比尔·盖茨的操作系统，而莱纳斯认为这个系统很糟糕。

● 他想用 Unix 系统代替 MS-DOS，但是 Unix 的价格让他眼泪汪汪。他决定开发一个微型版本的 Unix，称为 Minix，价格为 169 美元（但对一个穷学生来说，

★ Linus 发音为 LEE-nus，与表示讨厌的词根 -nus 押韵。莱纳斯说他的名字来自诺贝尔奖获得者科学家莱纳斯·鲍林，以及《花生漫画》中的"吃大拇指的莱纳斯"。

★★ 是的，这样的哥哥确实存在。

这也很贵！）。莱纳斯住在他妈妈的房子里，开始为 Minix 系统编写代码，添加自己创建的程序和功能。

● 为了拥有更多的功能，莱纳斯还把这个创意（及代码）发布到社区，进行众包……

---

来自：torvalds@klaava.helsinki.fi（莱纳斯·贝内迪克特·托瓦尔兹）
至：新闻组 comp.os.minix
主题：您最希望在 Minix 系统中看到什么？
摘要：关于我的新操作系统的小调查

正在使用 Minix 的用户，大家好
我正在做一个（免费的）操作系统（只是个爱好，不像 GNU 系统那样又大又专业）

---

## 那是在 1991 年的夏天

● 莱纳斯负责构架及编程的工作。他在芬兰阳光灿烂的夏日里完成了整个项目。最后，他写了 10 000 行代码。

● 随着项目的进展，莱纳斯意识到他不只是为 Minix 系统添加功能，他是在更新整个系统。他几乎要从零开始创建整个操作系统！

● 莱纳斯想给他的新软件起一个酷炫的名字。这个名字必须是最颠覆、最震撼的！他决定把作品名改为

**104** Freax，意为自由的 Unix（Free-Unix）。幸运的是，一个朋友给出了

中肯的建议。随后，莱纳斯就把作品名改成了一个令他非常满意的名字：Linux。以他自己的名字命名。

## 亲爱的莱纳斯，
## 感谢你的代码

●尽管莱纳斯申请的学生贷款还没还完，但他还是决定免费向全世界提供 Linux 系统。

●一年后，Linux 随处可见，成千上万的程序员为其改进和增加功能。时至今日，依然如此。

金钱不是最大的激励因素。当人们被激情驱使，就会竭尽全力，尤其是玩得开心时。

——莱纳斯·托瓦尔兹

## 联姻

● GNU 社区对 Linux 持欢迎态度，其他一些人群也欢迎 Linux。他们仍在开发 GNU 内核，但还是没什么进展。Linux 就像是出现在沙漠中的绿洲，程序员们开始努力将 GNU 与 Linux 结合起来。

●从此以后，Linux 和 GNU 就像名人夫妇一样，一直相伴出现。

# 105

# 著佐权，对吗？

● 理查德和莱纳斯使用了著佐权许可证来发布 GNU 和 Linux。

● 版权和著佐权能适用于所有创作，包括文学和艺术。但它们有什么区别呢？以软件为例……

● 版权保护软件创作者的利益：如果没有创作者的许可，不能使用、更改、共享或出售该软件。这种软件通常是专有的非免费软件。

● 著佐权也可以保护软件，却是以不同的方式：创建者授予所有人使用、更改、共享或出售软件的许可，并且对软件的任何更改也受著佐权许可的保护。申明为著佐权的软件通常是免费的。

专有软件禁止用户共享该软件，并拒绝对源代码进行更改，这让用户感到困惑和无助。而我自由使用计算机的唯一方法是开发新的操作系统，并使之成为免费软件。

——理查德·斯托曼

# 走向未来

● GNU/Linux 现在包含 1500 多万行代码，花费了价值数十亿美元的软件开发时间。它被称为世界上最大的合作项目。

**106** ● 至今，世界各地的程序员还在继续为之免费工作，修复错误并改进软件。

足够的关注让错误浮现。

——作者兼程序员埃里克·雷蒙德

**你会怎么做?**

● 假设你花了很多年编写一款软件,你会以收费还是免费的方式发布?如果你编写的是新的电脑游戏,或者是一款用来帮助残疾人购买房屋的软件,你会怎么做?

● 理查德认为,非自由软件或专有软件可能会包含"后门",使用户容易遭受黑客或间谍软件的攻击。他说,有时软件公司会故意这样做,以便获取需要的用户信息。你认为这可能吗?你如何看待理查德的这个想法?

03
迈向
全球化
GOING
GLOBAL

# 1957 ON

# 一九五七年：
# 冷战、合作
# 与意见征求

● 50 年前，我们还无法用计算机相互交流、共享数据，也无法下载网络视频。每台计算机都是一座孤岛。随后，有人想到了共享。因为计算机很昂贵，分享是人之善行。1969 年，美国加利福尼亚州的两台计算机被连入一个小小的网络。

●然后，其他大学的计算机也连接到了该网络。

●然后，该网络被接到了其他网络上。

●然后，网络互联开始了。

技术：互联网——计算机像迷宫般交织互联，遍及全球，乃至更远

构想者：美国军方、大学及众多机构

互联网真的是 1000 个人的作品。

——保罗·巴兰

# 技术赶超苏联

● 20 世纪 50 年代，美国和苏联之间发生了冷战。两国间并没有真正打仗，但一直互相威胁，就如同你跟姐姐都端着水枪，一言不发地威胁着对方。

● 苏联拥有核导弹和洲际导弹运载火箭，而更糟的是，在太空中，他们还有一颗长得像沙滩球的东西——名为"斯普特尼克"的人造卫星。

● 人造卫星当然不是沙滩球，但确实只有沙滩球那么大。那是世界上第一颗人造卫星。1957 年，苏联把这颗亮瞎眼的金属球发射到太空轨道，这是一个当面打脸的信号*。美国认为人造卫星是个确定的信号，表示自己输掉了太空竞赛。他们决定在科学领域奋起直追。

● 你的敌人发射了人造卫星，就如同他拿着威力巨大的武器无声地指着你，这时，你就会急切地去寻找保卫自己的方法。因此，美国设立了高级研究计划局（简称 ARPA）。

● 高级研究计划局的任务是进行高水平的研究，以保持美国的安全及技术领先（并在太空竞赛中胜出）。

● 只有一个问题：高级研究计划局没有实验室和设备，只能在大学的研究员及其计算机的支持下工作。

★人造卫星飞行了 3 个月后，坠入地球大气层并完全燃烧。但成功发射卫星具有划时代的意义。

# 你说的是 ARPA，
# 我说的是 DARPA

● 高级研究计划局很快更名为国防高级研究计划局（简称 DARPA）。

● 国防高级研究计划局的领导之一叫罗伯特·泰勒，你可以叫他鲍勃。鲍勃正在思考如何让国防高级研究计划局获得"如糖果般甜美"的计算能力。

**鲍勃的信息技术预算建议**

× 选项 A：为所有研究人员和所有大学购买专用计算机。

成本：你说真的吗？我想我需要坐下来压压惊。

√ 选项 B：搞清楚如何将我们拥有的计算机联网并共享。

成本：便宜。但解决问题需要花费时间和金钱。

● 鲍勃喜欢便宜的选项，因此向国防高级研究计划局的主管申请了一笔资金，以实现这一目标。

## 预算第 101 项：缩略版

● 鲍勃：可以给我 100 万美元吗？
● 鲍勃的老板：好的！
● 全世界每个人：棒极了！*

★其实，这是一个军事项目，因此世界上每个人都不知道。

这真的是一颗漂亮的"沙滩球"。

# 数据还是
# 语音

- 鲍勃的团队开始研发将计算机联网的方法。
- 各大学已由电话线连接在一起,因此将计算机连起来非常方便,但还有一个烧脑的问题:
- 如果你想跟你的阿姨通话,你可以拨打一通电话,这样,在整个通话过程中,你需要占用一条电话线,以保持连通状态。
- 但是,如果你想发送数据怎么办?数据只是一堆 1 和 0 这样的代码。如何发送才能保持代码不被混淆?每个数据比特都要占用单独的电话线吗?每条线都需要一直保持连通状态吗?这样很快就会引起混乱(并需要高昂的费用)。
- 研究员需要那种只用一条电话线就能同时发送许多数据信息的方法。然而,怎样才能做到呢?

## 各个击破

- 许多人努力寻找能高效发送数据的方法。
- 其中包括英国人唐纳德·戴维斯*,美国人保罗·巴兰**,还有另一个美国人伦纳德·克兰罗克。他们差不多在同一时间提出了相同的想法。
- 唐纳德称这个想法为"分组交换",伦纳德称其为"排队论",保罗称其为"分布式自适应信息块交换"。事实

**114**

★唐纳德曾经与艾伦·图灵合作开发自动计算引擎(团队成员还有克劳斯·福克斯,他后来被确认是苏联间谍!)。
★★保罗曾经与"普莱斯"·埃克特及约翰·莫奇利在尤尼瓦克计算机项目中合作过。

远没有说起来那么酷。也许这就是为什么保罗想要说服美国国防部使用它却没有获得批准。他还试图说服电话公司和空军使用它。他甚至写了 11 本书来说明这玩意儿如何工作，以及有多么伟大。但没有人关注。

●后来，1967 年的某一天，保罗的创意到了鲍勃的手中。

# 10 000 只
# 训练有素的小鼠

●数据包交换的工作方式，有点像训练老鼠。把你的数据换成老鼠。会有如下情形：

●想象一下，你有 10 000 只僵尸老鼠*，你要让它们给你的朋友传递一条消息。老鼠排成一列，然后你在它们的背上写下信息，每只背上写一个字。然后，你让这些老鼠赶到朋友家里。它们送信的方式应该是：

● A. 让老鼠按正确的顺序前进，一路赶到朋友家中？
● B. 让老鼠尽快向你朋友的家中冲过去，然后，在它们到达后再重新排队？

●现在增加一些事件，如交通堵塞或意外出现的卡车（或核导弹）造成的灾难。

●如果你选择 A，所有的老鼠都将在同一条街上前进，一旦出现令老鼠"吱吱叫"的事故，所有这些毛茸茸的信息包，都会丢失。安息吧！小泡泡、吱吱叫先生和他们成千上万的朋友。**

115

★因为数据没有正常运作的大脑，僵尸老鼠也没有。
★★当然，小泡泡和吱吱叫先生都是对数据的一种隐喻。创作本书时，没有任何老鼠受到伤害。

●反之，选项 B 更安全，灵活、快速。即便中途有几只老鼠迷路，问题也不大，大部分信息仍然可以到达。而且你也不用浪费时间去等待迷路的老鼠。

●现在，假设每只老鼠都是通过电话线发送的数据包。嘿嘿！这就是分组交换。

# 将互联网
# 联入"国际"

●除了解决技术难题外，鲍勃还要应对来自人的挑战。你猜怎么着？大学对分享其"自得其乐"的计算机并不感兴趣。面对现实吧，谁喜欢分享？

（他们）抱怨说这样会让他们失去计算能力，他们不想参加。我告诉他们必须加入，只有这样，我的项目资金才能减少 2/3。

——罗伯特·泰勒

●共享是为了省钱，所以鲍勃（及其 IT 项目资金预算）获胜了。无论愿意与否，大学都必须成为新的网络构成部分。

●最先加入的机构是：加利福尼亚大学和斯坦福研究所。

# 请求评议

● 斯蒂芬·克罗克跟一些同学正在研究如何将加利福尼亚大学的计算机连接到冰箱大小的路由器\*。

● 这是一项重要的工作，因此他们等待着指示。他们等啊，等啊。

> 我坚信，来自华盛顿或剑桥的权威人物会随时出现，并告诉我们规则是什么。
>
> ——斯蒂芬·克罗克

● 但是并没有什么重要的人物出现，也没有规则。因此，学生们决定自己解决这个问题。

> 有一天晚上，我无法入睡，在唯一不打扰别人的地方，也就是在浴室里，凌晨3点，我写下了一些规则。
>
> ——斯蒂芬·克罗克

● 该团队记录了其进度更新日志，被称为"请求评议文档"或简称为RFC。

● RFC经由"蜗牛邮件"（当时没有电子邮件，因为没有网络）发送给其他大学的团队成员，让他们都知道项目的进展情况，并询问大家的想法和建议。这让每位成员都有参与感，还由此激发了其中许多人的创意。

> RFC的历史，隐含着人类组织如何合作的历史。
>
> ——温特·瑟夫

**117**

★时至今日，你想连接到互联网，仍然要依靠路由器。路由器是一种微型计算机，为不同连接之间发送的信息确定传输方向，是互联网通道中至关重要的部件。

# 快来看啊!

● 1969 年 10 月 29 日,首次被连接起来的计算机分别属于两所大学,即加利福尼亚大学和斯坦福研究所(相距 550 千米)。

●那天,第一条消息在全新的网络上发送了出去。该消息原本是"LOGIN",意思是登陆,但发送时系统崩溃了。

因此,互联网上的第一条消息是"LO",就像发的是"快来看啊!"(Lo and behold)这不是我们预先设计的,但是没有比这更好的信息:简短,如先知一般。

——伦纳德·克兰罗克

# 然后是 4 个……

●技术问题解决了之后不久,仅连接两台计算机的微型网络又迎来了两个新伙伴:加利福尼亚大学圣巴巴拉分校和犹他大学。

●新网络被命名为"阿帕网"。它日益壮大起来。

计算机网络消除了研究的孤独感,取而代之的是共享研究的丰富性。

——阿帕网新闻,第 1 期

●但是,接入网络的计算机越多,产生的问题就越多。首先,不同的计算机采用不同的技术,就像说不同的语言一样。我们需要让不同的技术产生交互,我们需要一种通用语言。

**118**

●工程师温特·瑟夫和鲍勃·卡恩就是因此加入进来的。

## 请勿打扰

● 1973 年，鲍勃和温特在旅馆租了个房间，一直在里面工作，直到发明出让全世界的各种网络能够互相交流的方法，他们才离开旅馆。他们称其为 TCP/IP 协议。
● TCP/IP 协议适用于互联网上的每台计算机。这些规则阐明了应如何命名和处理数据包（或训练有素但没头脑的老鼠）：
● TCP（传输控制协议）：如何将数据包按正确顺序排放，以及请求重新发送丢失的数据包的说明。
● IP（网际协议）：如何为数据包寻址的说明。

## 免费到家

●鲍勃和温特*将他们的这一发明免费提供给所有人使用。每个人都使用了。TCP/IP 于 1974 年发布，至今仍是互联网的标准。

应用规模扩大了 100 万倍。能做到这样规模的东西不多。而我们创建的那些旧协议做到了。
——温特·瑟夫

整个世界是一张大网！而其中的所有数据，只能是数据包。
——温特·瑟夫

**119**

★温特后来担任谷歌公司的副总裁。鲍勃则去了施乐公司的帕罗奥多研究中心，参与个人计算机的研发。

# 从网络
# 到互联网

● 不是所有人都能用阿帕网，只有高级研究计划局资助的军事俱乐部的成员才能使用。

● 但很快，阿帕网的用户增长迅速，连军方都无法追踪是谁在使用它。为了保密，他们将阿帕网分为两个网络：一个用于军事目的，另一个用于大学和研究员。

● 同时，世界各地也涌现出其他计算机网络。

## 你好，
## 澳大利亚

● 在互联网出现之前，澳大利亚最国际化的计算服务是墨尔本大学与 1984 年成立的美国地震研究中心每天两次的卫星连接。从第一次连接开始，我们澳大利亚不再需要一张邮票或信封就可以与世界建立起联系。

● 1989 年，墨尔本大学使用 TCP/IP 与夏威夷大学建立永久连接，标志着澳大利亚首次接入互联网。不久，澳大利亚其他大学和 CSIRO 也排着队，等待接入墨尔本大学网络。同年，澳大利亚学术和研究网络（AARNet）诞生了。

# 让我们在互联网上
# 搞发明

● 互联网是为国防还是科学研究而发明的？让我们看看情况究竟如何：

● 1. 美国国防部指示美国大学发明某种计算机网络。他们希望该网络快速、灵活，还能抵御核攻击。他们想要的是：国家防御。

● 2. 大学着手于研究将计算机连接到网络的方法。他们希望该网络鼓励信息共享、合作及访问平权。他们想要的是：协作研究。

● 结果是双方都满意。那答案是什么呢？互联网是为了战争还是和平而发明的？也许这取决于你问的是谁。

有什么不同？

● 互联网：是将计算机连在一起的基础协议和网络。

● 万维网：发明的时间更晚。是一种文件共享应用程序，需要互联网才能正常工作。

## 走向未来

● 一旦互联网开始发展，它就不会停止，并会一直继续发展下去……

● 如今，数十亿台设备仍在使用当年开发的 TCP/IP 协议来实现互联。

121

你会怎么做?

● 有了互联网,任何人都能向全世界分享他们创作的文字、图片或程序。你不需要编辑人员的支持,也不需要老板的许可,甚至不需要很多钱,就能发送电子邮件或发布自拍照。你认为,互联网如何影响了世界?如何影响了你的生活?

● 互联网发明的时候,还没有网上银行、在线身份盗窃和网暴。如果互联网的发明者预先知道这些事情,你认为互联网会有所不同吗?

● "internaut"一词的意思是专家级的互联网领航员。因为互联网出现,还有什么术语被创造出来了?你能自己创造一些新术语吗?

## 等等! 不是"阿尔"·戈尔发明的互联网吗?

● 噢,不是。

● 美国政治家"阿尔"·戈尔发明了互联网,这是个玩笑。他并没有干这个。但是他确实对万维网的发明有所帮助。记得提醒我,我后面再来讲他的故事。

123

# 1965 ON

# 一九六五年：

# 电子邮件、表情符号和 @

● 想象一下，你掌握着 10 余台计算机的强大计算能力。你能计算天气、设计飞机、模拟火箭发射……

● 你会干什么？也许会给朋友发信息吧。因为人类本能地需要交流。我们弄明白如何将计算机联网之后，就开始发送电子邮件了。

技术：电子邮件
发明者：雷·汤姆林森

# SNDMSG

● 在使用电子邮件交流之前，我们有 SNDMSG。

● 这几个英文字母的意思是：

● a）声音按摩（Sound Massage）

● b）被沙子误导（Sand Misguided）

● c）发送消息（Send Message）

● d）不知道

● 答案：C

● 下面是它的运作方式：如果你跟好友在同一台计算机上拥有个人信箱，就可以用 SNDMSG 互相传递电子文本信息。

● 你的个人信箱只能容纳一串长长的纯文本文件。如果收到新信息，计算机会将其复制到信箱文件的底部。

● 但是，如果你和你的同伴使用的是不同的计算机，那么你们就不能使用 SNDMSG。在这种情况下，你就必须亲自送信、邮寄，或使用飞鸽传书。

或用
漂流瓶。

# CPYNET

**125**

● 雷·汤姆林森是一名程序员，他创建了实验性的程序 CPYNET，能将文件从一台计算机发送到另一台联网的计算机上。

● CPYNET 的意思是：
● a）间谍之网
● b）分、便士、日元、外星人
● c）用于复制的网络
● d）不知道（如果你知道，请写信告诉我们）
● 答案：D
● 由于 CPYNET 能在网络上发送文件，也许只要做一些修改，也能用来发送消息。因此，雷将其与 SNDMSG 结合在一起。

# @ 最后

● 为了正确地递送邮件并避免造成混乱，雷要想办法把发件人的姓名跟计算机名分开。这个分隔符号不能是空格，也不能是任何名称的一部分。
● 他需要一个不被人喜欢的符号、没有实际意义的符号、一个只是在浪费键盘空间的符号。
● 他的眼睛落在 "@" 这个符号上，他跟 "@" 一见钟情。在那之前，"@" 这个符号仅用于乘法：
● 5 千克橘子 @2 美元 / 千克
● 10 个棒棒糖 @1.5 美元 / 个
● 但雷拯救了 @，现在，它已成为世界上最知名的符号，无论在哪种语言当中都是。而且它仍然用于分隔两个名称：用户名 @ 主机名。

126

# 你收到了邮件！

● 不是开玩笑：雷向朋友们发送了电子邮件，好让他们知道自己发明了电子邮件。

● 但是，他发出的第一句话不可能让他赢得任何文学奖。

测试信息太容易被遗忘，因此，我已经完全记不得了。第一封邮件的内容很可能是 QWERTYUIOP * 或类似的消息。

——雷·汤姆林森

# 另一张脸

● 电子邮件很便捷，但可能会造成歧义。你怎么知道发信息的人是在开玩笑，还是在讽刺？

● 为了帮助人们理解邮件里的文字，1979 年，凯文·麦肯齐建议使用"脸和舌头"符号来表明你是在开玩笑。

● - )

● 没过多久，人们就把凯文的这个符号理解为微笑。

1982 年 9 月 19 日 11:44 斯科特·E·法赫曼 :-)
来自：斯科特·E·法赫曼 <20 世纪卡内基梅隆大学的法赫曼 >

我建议用以下字符序列来作为"玩笑"的标志 : :-) 。
要侧过头来看它。实际上，考虑到当前的趋势，把那些不是玩笑的东西标出来，可能更容易些。为此，请使用 " :-( "。

# 127

★ 键盘上从左到右第一行字母。

●还有更多!

:-p :-D :-/ :-o ;-) }:-) >:/ :-L :-X :'-( |;-)
>;) :-|| DX (>_<) O_O O_o (˘ ³˘)

# 走向未来

●随着其他程序员加入，电子邮件的功能变得越来越强大。不久，好用的收件箱开发出来了，其中包含打开、存档、转发乃至删除邮件。后来，你还能通过电子邮件发送链接、图像、视频、生日贺卡等。

●如今，电子邮件比邮票和信封邮件更受欢迎（而且，速度提高了 10 亿倍）。世界上有数十亿个电子邮件账户，发送了数十亿封电子邮件，其中大部分是垃圾邮件。也许就类似那封"QWERTYUIOP"。

## 你会怎么做？

●雷选择 @ 作为电子邮件的地址分隔符，实际上，他是在帮助我们将互联网视为一个确切的地方。你可以 @ 海滩，或 @ 公园，或 @ 某个电子邮件地址。假设他选择了其他符号（例如"*"或"^"）会发生什么？你认为这会改变我们对互联网的看法吗？

●早期的电子邮件程序没有回复邮件、整理邮件，或在任何菜单比如收件箱中显示电子邮件的功能。这些功能都是随着人们的需求变化才被发明出来的。你认为还有什么新功能可以派上用场？你想发明什么新功能呢？

# 1980s ON

# 二十世纪
# 八十年代：

# 喂牛器、
# 老虎机和
# ARM 处理器

● 在智能手机依然是科幻小说里的梦想，以及台式计算机有整个桌子那么大的时候，有两个人发明了微芯片，从而改变了世界。

技术：500 多亿个 ARM 处理器 ——ARM 是高级 RISC 的意思，而 RISC 指的是精简指令集计算（ Reduced Instruction Set Computing ）。 好 吧，继续往下读，我们来试着简化事情（因为简化是 ARM 处理器最擅长的事情）

发明者：苏菲·威尔逊和史蒂夫·弗伯

## 哞哞!

●苏菲·威尔逊在大学里最早学的是数学,但由于"严重的失败"(她自己说的),所以转学计算机。
●复活节假期,她没有像往常那样学习,反而去给农民打零工。她想做什么?造自动喂牛器。她从美国订购了一些便宜的微芯片!她成功了,牛很快乐。

## 你赢了!又一次!
## 一次又一次!

●后来,苏菲获得了另一份工作:她的老板让她去解决博彩业中的问题。那时,电子老虎机已经成了明日之星。赌客们将硬币投入机器,拉动手柄,看着图像旋转,盼望着获胜。如果摇出了3个樱桃图像,奖金就会自动从机器中倾泻而出。
●问题来自一种新型打火机。这种打火机用1000伏的电脉冲点火。如果你不是用这种电脉冲点香烟,而是拿去触发老虎机,就可以骗过机器,一次又一次赢得胜利。这就是一夜暴富吧!
●苏菲的工作是防止人们利用打火机来作弊。这太容易了。她想出一个超级简单的解决方案。设计一个无线电接收机,安装在每台老虎机内,如果接收器检测到电磁脉冲,机器就不会自动发奖。

130 ●原来,苏菲最擅长的就是找到简单的解决方案。

# 100 万颗橡子

● 苏菲的下一个挑战又来自她专横的老板：这次，他大胆地命令苏菲建造一台廉价的个人计算机（PC），要在暑假结束前完成。

● 苏菲做到了。

● 她用了与喂牛器相同的微芯片。

● 她建造的个人计算机非常简单，被命名为 Acorn System One（Acorn 就是橡子的意思），仅售 70 磅（约 120 美元）。她的老板希望能卖出 12 000 台。最后他们卖出了 100 多万台。

● 艾康计算机公司（Acorn Computers）诞生了！

# BBC Micro 计算机

● 紧随 Acorn 1 计算机之后，苏菲与同事史蒂夫·弗伯为英国广播公司（就是制作 BBC TV 的那家 BBC 公司）建造名为 BBC Micro 的 8 位微型计算机。苏菲负责整个项目，设计微型计算机，并为其操作系统（名为 BBC BASIC）编程。

● 他们的初版设计只花了不到一周的时间，赶在了 BBC 疯狂的截止日期之前。那个夏天余下的时间里，他们努力地完善这一设计。

● 英国广播公司很高兴，但苏菲知道，她能做得更好、更快、更简单。

131

# RISCy 业务

●同时，硬件巨头 IBM 公司正在尝试新概念：RISC，意思是精简指令集计算。尽管 RISC 的设计理念是想把计算变得更简单，但是 IBM 却无法做到。而且，也没人能做到。

●除了苏菲。她解决了自己大脑里的大多数问题，发明了超棒的芯片用作 BBC Micro 的核心处理器。她和史蒂夫把这一处理器称为艾康精简指令集计算机（Acorn RISC Machine）。

苏菲能在大脑中完成所有工作。

——苏菲·威尔逊的老板赫尔曼·豪瑟

尽管英特尔、摩托罗拉，以及所有的大学都有钱、有资源，但赫尔曼给我们的，他们给不了——没有钱，也没有资源。我们必须精简。

——苏菲·威尔逊

## 保持简单

● ARM 处理器持续引起人们的关注。它的加载速度更快，晶体管数量减少到原来的 1/5，并且能耗极低，以至于当苏菲和史蒂夫第一次给它接通电源时，以为它已经坏了。

132

●成功的秘诀? 还是一样,一切从简。

●普通的微芯片带有数百条指令,从非常简单的基本指令,到极其复杂的指令。就像英语中的单词一样,一些指令被反复使用 (如"这""在""是"),也有几乎从不被使用的。

●苏菲的 ARM 处理器删除了复杂的、很少使用的指令,保留了其余的指令。如果她想让计算机做一些复杂的事情,就用一系列基本指令代替复杂的指令。这使得芯片的计算速度快了很多。

●她设计芯片的思路是让指令迅速到达并依次处理,而其他芯片慢的原因是,它们被设计为分别获取并处理每个指令。

参与设计第一个 ARM 芯片的人很少,因此,我们不能做一个复杂的处理器。

——苏菲·威尔逊

## ARM 竞赛

●与此同时,艾康计算机公司正慢慢走向破产。没有人买艾康计算机,但是所有人都喜欢 ARM 芯片。

●因此,艾康与苹果计算机公司联合成立了一家新公司:ARM。该公司至今仍在发布 ARM 处理器的使用许可证,包括你的智能手机和平板电脑中的那些芯片。

# 133

## 14号元素

● 苏菲离开了艾康公司，并在 20 世纪 90 年代创立了一家新公司，名叫 14 号元素★。

● 她还开发了名为 FirePath 的新处理器，该处理器至今仍在许多宽带网络中使用。2001 年，苏菲以 5.94 亿美元的价格将公司出售。

● 苏菲的发明一共挣了 300 多亿美元，还只是到目前为止。

## 尺寸很
## 要紧

● 回到苏菲和史蒂夫发明 ARM 处理器时，尺寸其实是无关紧要的。最重要的是功能。但随着设备变得越来越小，微型、超高效的微处理器变得越来越重要。

● 如今，智能手机、数字电视乃至智能冰箱中的微处理器，都源自首个 ARM。

## 走向未来

● 把地球上的人数乘以 7，那就是被生产出的 ARM 处理器的数目。

# 134

★你猜出了第 14 号元素是什么没？就是现代处理器和微芯片的一种制造原料。还没明白？去查元素周期表。一个提示：一条著名的山谷。

我们想生产每个人都能用的处理器,所以我们就去做。

——苏菲·威尔逊

●如今的 ARM 芯片比苏菲最初设计的芯片快,并且体积只有原先的万分之一,但仍使用相同的逻辑。每年 ARM 芯片的产量最多能达到 50 亿个。

2008 年,我们卖出了 100 亿个内核芯片,我和史蒂夫看着对方说:"太奇怪了,地球上每个人都有不止一个。"但这也太不可思议了,这数字太疯狂。

——苏菲·威尔逊

**你会怎么做?**

●苏菲认为艾康计算机公司破产是因为不擅长营销其计算机。设计一张海报,宣传购买艾康计算机的好处。

●第一个 ARM 处理器的功率很小,以至于苏菲和史蒂夫认为它根本无法工作,但事实证明,他们无意中发明了一种超高效的芯片。研究人员发现,很多人忽略了某些"小插曲",它们发生的次数比你想象的要多。研究一下其他的偶然发现,选择其中一个,画一幅漫画,描述发生了什么。

谁会知道,智能手机来自橡子(Acorn 即橡子)

# 1989 ON

## 一九八九年：

## 超文本传输协议、万维网和蒂姆·伯纳斯-李

●你能记住多少件事？ 100 件？ 100 万件？ 1 亿件？世界上发生了太多事情，人不可能全都知道，更别说去把所有的信息组织起来并分类。

●幸运的是，我们拥有一种惊人的方式去分享世间的信息，而且就在我们手边。

技术：万维网

发明者：蒂姆·伯纳斯 - 李（对他的粉丝来说，也叫 TBL）

# 万维啥?

● 在万维网之前,如果需要查找信息,只能去书中找
(还得先找到合适的书),要么就去问邻居(还得先找
到合适的邻居)。

● "嘿,跳蚤的生命周期是多久?"

● "……"

● "嘿,谁赢得了 1999 年英超联赛冠军?"

● "……"

● "嘿,我能去哪儿找到聪明的邻居?"

● "……"

# 俭则不匮

● 小时候,蒂姆·伯纳斯 - 李喜欢火车。他自制电子设
备来控制火车。然后他意识到,比起火车,自己更爱电
子。

● 蒂姆的父母都是计算机程序员,因此,在他成长的
日子里,总是伴随着与计算机相关的话题。有一天,
他甚至用坏掉的电视机自行组装了一台计算机。

# Help! 帮帮我!

● 在大学学习了物理学专业后,蒂姆在欧洲核子研究

**137** 中心(CERN＊)＊＊实习了 6 个月。

●蒂姆很快意识到 CERN 的工作方式需要改进。数十个项目的成员有数千名科学家，他们在各自的计算机上工作，而且还使用不同的语言（人和计算机的语言）。

●有没有简单的方法来共享数据或思想呢？

● 1980 年，蒂姆写了一个计算机程序，将 CERN 的不同人员和项目连接起来。他称其为 ENQUIRE，用他小时候喜欢的百科全书的书名《万物里面有什么？》（ *Enquire Within Upon Everything* ）来命名。

●后来，蒂姆在 CERN 的工作期限到了，他便离开了。蒂姆的计算机被交给了其他人使用，他的代码不见了。

●你能随心所欲地在内部询问，但 ENQUIRE 消失了。

★用法语表示为 Conseil Européenn pour a Recherche Nucléaire，因此简称 CERN。
★★ CERN 的工作与核武器无关，它专注于研究原子核：原子中心的微小物质。CERN 研究无限小的物体，借此去了解那令人难以理解的巨大事物：我们的宇宙。科学家不断从世界各地来到 CERN，在这里，他们有机会深入了解地球上最小的粒子——原子，发现更小的粒子——中子和质子，还希望一睹更微小的粒子——轻子、玻色子、胶子和底夸克（别把它跟你更熟悉的、气味更浓烈的夸克奶酪相混淆）。

# 万维树

● 蒂姆不是第一个尝试整合互联网信息的人。大多数互联网迷都沉迷于列出清单。这些清单就像树一样：中央是主干，依据不同的主题，分成越来越详细的枝干。

● 而信息并不一定像树枝那样连接……

● 有时，更像是一张网。

假设存储在世界各地计算机上的所有信息都互相连接，那样，就形成了全球信息空间，也就是世界信息网。

——蒂姆·伯纳斯－李

# "不懂，但很棒"

● 蒂姆回到 CERN，无论对我们，还是对各地的计算机粉丝来说，都是件幸运的事。他决定重建 ENQUIRE，比以前的更大、更好。他称之为"结网"，那不太像一棵树，更像是一张网，也像沙坑。

我想建立一个创意空间，就像一个沙坑，所有人都可以一起玩。

——蒂姆·伯纳斯－李

● 蒂姆将他的"沙坑·网络"创意写成方案。1989 年 3 月，他把方案递交给老板迈克·森德尔，但迈克并没有真正理解他的创意。

当我阅读蒂姆的方案时，我不知道那是什么，但我认为那很棒。

**139**

——迈克·森德尔

● 因此，迈克在蒂姆的报告上只写了一句话："不懂，但很棒。"

● 那意思是："没弄懂，哇嘿！"

● 幸运的是，蒂姆并没有因迈克的反应而退缩。

● 他没等老板许可，就动手去实现自己的想法，不断地工作、工作。

## 嘟嘟嘟

● 蒂姆把方案称为"信息管理"。

● 他的同事罗伯特·卡里乌指出，那真是个超级无聊的名字。因此，罗伯特与蒂姆合作，创造了一些不那么……难懂的东西。

**想法：**

● Mine of Information（简称 MOI）-> 不好！"Moi"在法语中意为"我"。听起来像个自大狂！

● The Information Mine（简称 TIM，即蒂姆的名字）-> 不好！听起来你还是像个自大狂！

● World Wide Web（简称 WWW，即万维网）-> 不好！把首字母缩写词读出来，花的时间比读全名还长！

● 但是蒂姆喜欢 World Wide Web 的发音，他觉得像铃声一样好听。

# 140

# 圣诞节快乐!

●蒂姆开始创建日后的万维网。他编写了首款网络浏览器——帮助人们浏览网页的软件,并编写了3组史诗般的网络规则:

● HTML:超文本标记语言(Hypertext Markup Language),规定在页面上构造信息的方式。

● HTTP:超文本传输协议(Hypertext Transfer Protocol),规定计算机如何访问其他计算机里的信息。

● UDI:通用文档标识符(Universal Document Identifier)*。用于命名网页。

●这段代码蒂姆仅花了3个月的时间来编写,但直到今天,它仍然是网络的关键。

● 1990年11月,CERN终于正式批准了蒂姆的方案。他准备好了! 蒂姆和罗伯特在圣诞节那天启用了这项技术,万维网诞生了!**

★从未听说过 UDI 吗? 那是因为蒂姆把名字改了。人们认为"通用"有点太理想化了。(好像这个疯狂的网络创意不可能会那么流行! 哈! )因此,蒂姆将"通用"(Universal)更改为"统一"(Uniform)。他还将"文档"(Document)改为"资源"(Resource),这非常有远见,因为当今的网络不仅要传输文档,还要传输更多的内容。并且,他还把"标识符"(Identifier)变为"定位符"(Locator)。瞧! UDI 变成了 URL。
★★约一周后,蒂姆的第一个孩子也出生了。

141

# 为什么是 WWW？

● URL 是有关在何处查找资源的说明列表。随着网络的发展，许多人在其网址的开头加上前缀"www"，以表明该资源是一个网页。如今，由于我们大多数人上网时都是在搜寻网页，因此"www"往往被省略了。

## 发邮件给我

●不过，网络搭建并非一夜之间就成功了。蒂姆和朋友们努力工作了好多年以把网络传播到世界各地。

来自：timbl@info.cern.ch
主题：Re：超文本链接上的限定词……
日期：格林尼治标准时间
　　　1991 年 8 月 6 日 14:56:20
万维网 World Wide Web 项目的主旨是，允许
链接到任何地方的任何信息……
如果您有兴趣使用该代码，请给我发邮件。
这是原创代码……
欢迎合作！

## 对所有人免费！

●网络的核心思想是自由交流，蒂姆希望其发明及代码让所有人免费使用。CERN 同意了。1993 年，他们无偿发布了蒂姆的代码。

# 地鼠搞破坏

● 万维网并不是用于管理互联网信息的唯一发明。

● 一位名为戈菲尔（Gopher，有"地鼠"的意思）的竞争对手，其工作是将信息整理到文件夹中。而蒂姆的万维网能读取戈菲尔的页面，很快，用户不得不通过免费的万维网向戈菲尔付费……

● 还有其他竞争对手，如微软的专用网络，MSN，看到了相关的网络文档，就迅速开发了自己的 WWW 页面。

● 网络现在已经融入了我们的日常生活，而它仍在持续地变化和发展……

如果我们想要网络真正为每个人服务，那么在未来的 25 年中，每个人都必须为塑造它而发挥作用。

——2014 年，蒂姆·伯纳斯-李，网络诞生 25 周年

# 走向未来

这是我的希望。

网络是用于交流的工具。

使用网络，你可以了解他人的意思。你可以找出信息的来源。

网络可以促进人们相互理解。

想想在我们一生中，人与人之间发生的许多不好的事。也许大部分不好的事都可以归结为人们彼此缺乏了解。甚至也包括战争。

143

让我们用网络来创造新颖有趣的事物。

让我们用网络来促进人们彼此了解。

——蒂姆·伯纳斯-李

我想让你知道，你也可以写出新程序，从而创造出使用计算机和互联网的新的有趣方式。

我希望你意识到，如果你想要计算机去做某件事，那么你可以写程序去实现。

其中有无限的机会……全靠你的想象力。

——蒂姆·伯纳斯-李

**你会怎么做？**

● 蒂姆出生于 1955 年，与比尔·盖茨和史蒂夫·乔布斯同年出生。在那个时代，你能购买电子零件在家里制作电路。你认为蒂姆是在正确的时间出现在了正确的地方吗？

● 蒂姆不是首位提出超链接的人。早在 20 世纪 50 年代，特德·尼尔森就曾经研制过超文本。特德想采用双向链接，也就是两个页面都必须同意。蒂姆的网站仅使用单向链接，因此，你能在未经许可的情况下链接到任何内容。如果我们在建立链接之前需要达成一致，你认为网络会有什么不同？哪一种更好？会不会出现更坏的

144

"我认为这很棒，收下这些钱吧！"

情况？

● 网络建立在信任的基础上，旨在完全开放和免费。不幸的是，这意味着它也对挑衅者、垃圾邮件发送者和虚假新闻传播者开放。你认为，规范此类行为的最佳方法是什么？

● 蒂姆为万维网联盟工作，努力"释放网络未开发的潜力"。你认为该如何进一步改进万维网？

## 可是等等！你不是想告诉我"阿尔"·戈尔没有发明互联网吧？

● 正是。

● 确实，阿尔没有发明网络，但他的确为传播这个词付出了努力。当万维网努力站稳脚跟时，戈尔已经当上了美国副总统。他做了很多事情来促进万维网的传播：他资助了万维网联盟，他让白宫使用万维网技术创建了网站（他们一直在使用 Gopher），他资助创建了马赛克浏览器——首款疯狂流行的用户友好型网络浏览器。

"谢谢。"

# 1990s ON
# 二十世纪
# 九十年代：
# 黑洞、社会环境
# 和快速解决方案

● 如果你在不插入网线的情况下使用互联网，那么，你用的是 Wi-Fi。

● Wi-Fi 是一种无线传输技术，无须使用网线即可连接我们的设备。它由 CSIRO 的团队发明。

技术：快速可靠的无线局域网

发明者：约翰·奥沙利文及其 CSIRO 射电天文学家团队——迪特·奥斯特里、格雷厄姆·丹尼尔斯、约翰·迪恩和特里·珀西瓦尔

# 黑洞侦探

●小时候，约翰·奥沙利文并不确定自己想做什么，他只知道自己喜欢科学。

我妈妈常把图书馆的书带回家，我能读到关于宇航员的一切。

——约翰·奥沙利文

●之后的一天，学校安排他们参观了悉尼大学，约翰的好奇心被调动了起来。

我看到一个简单的实验，在旋转的圆盘上加上磁铁，就能产生电流，也许我一生都弄不明白其中的工作原理，但我认为这太棒了。

——约翰·奥沙利文

●约翰决定学习射电天文学，很快，他就开始去寻找蒸发的黑洞。

我们谈论的黑洞，它的质量可能跟珠穆朗玛峰一样大，但大小却只相当于一个原子。

——约翰·奥沙利文

●如果你以前从未尝试过寻找蒸发的黑洞，你可能不知道，从数十亿千米外寻找一个巨大的能吞噬光并使时空弯曲的黑洞，最佳线索之一是……无线电波。

147

# 无线电波
# 不是无线电

●无线电波是电磁能的一种形式。光也是电磁能的一种形式。如果你把红光的波长拉长,就能得到红外光,如果你把红外光再拉长,得到的是微波,如果再把微波的波长拉得超级长,得到的超长波长的电磁波就是我们所说的无线电波。

●在地球上,我们用无线电波给对讲机、移动电话和收音机等设备发送编码信息。收音机对无线电台广播的无线电波进行解码,就产生了声波。但是无线电波本身与声音无关。因此,如果你仔细看"收音机"这个词,就会觉得很奇怪。收音机,收"音"机。

## 回到黑洞……

●你追踪火炬发出的光,就能精确定位火炬,同样,射电天文学家通过观察太空中的能量,就能找到发出这些能量的天体。

●但是,如果你想寻找一个黑洞,可能会遇到麻烦:黑洞的引力大到连光都无法逃脱其魔掌。

●但有时,黑洞附近的气体云会发出 X 射线,X 射线被其他气体云反射,就会变成无线电波。

●当这些无线电波穿越宇宙抵达地球时,你就找到黑洞了!

# 回声，声回……

● 但是，经过多年的太空旅行，当那些宝贵的无线电波终于到达地球时，会发生什么？

● 它们不停地反射。在墙上、书上、咖啡杯上、你的脸上，以不同的方式，在不同的时间反射。因此，当这些电波反射到你的信号收集器时，同一信号有好多好多个副本，所有副本都与其他所有的信号混合在一起。

● 它们顺序错误地到达……到达……到达……

● 它们的回声还在不断地产生回声。

● 或者回响，反向的回声。

● 这使得我们几乎不可能从其中找到任何关于它们来自何方的有用信息。什么？

● 为了追踪到这些无线电波及回声来自哪个黑洞，约翰的团队需要一种在混乱中创造秩序的方法。

# 成功秘诀

● 与此同时，在地球上，研究人员也正面临同样的无线网络反射与回声的问题。

● 在无线网络中，我们也在使用无线电波发送编码信息。由于存在许多反射，我们只能将消息分解成更小的信息包发送。可以通过多种方式：在不同的波段发送不同的信息包，或以不同的顺序发送相同的信息包，或多次发送不同的信息包。

●每一种方法都是应用了几十年的老技术，而且速度太慢了。CSIRO 团队想要发明更快的方法！

他们开始尝试使用现代的新技术和新方法。

我们有了一些概念，但我们必须弄清楚如何将它们整合在一起……你必须调试，以确保获得最佳效果。

——特里·珀西瓦尔

●通过反复试验和大量测试，该团队以不同的方式整合这些想法。最终，他们找到了一种快速、高效、好用的解决方案，去解析那些乱成一团的无线电波。

当我们第一次开始考虑这问题时，那时的网络比我们想要的慢 50 到 100 倍。我们的一个解决方案是，以较慢的速率在不同频率上发送大量数据。

——约翰·奥沙利文

●该团队原本的目标是找到解读太空无线电波的方法。就在这一过程中，他们也找到了在地球上解决同样问题的方法。

●利用 CSIRO 的解决方案，你能从混乱的无线电波中建立秩序。就这样，Wi-Fi 诞生了——不过当时他们还没有用到这个名称。

## 如果一开始
## 你没有成功……

●约翰的团队试着将这个解决方案出售给诸如苹果

**150**

和惠普这样的大型科技公司。但无人问津。

其中一家大公司甚至说：“哦，看，无线，那是一种昙花一现的时尚。”

——特里·珀西瓦尔

●到了 2002 年，有几家公司开始销售应用了 CSIRO 解决方案的电子设备……未经 CSIRO 授权。

● CSIRO 将这些公司告上法庭，要求他们为此付费。2007 年，CSIRO 获胜。这些公司支付了 2.2 亿美元的费用。

● CSIRO 从团队的发现中总共获得了 4 亿多美元的收入。

## 为什么是 Wi-Fi？

●电气电子工程师学会（IEEE）开发的无线局域网（WLAN）将 CSIRO 的技术用作国际标准规范，并将其命名为 IEEE 802.11。这显然是一个吸引人的名字。不，这不是。

●幸运的是，早在 20 世纪 90 年代，无线以太网兼容性联盟（WECA）的专家们就决定要取一个更好的名字。

●他们聘请了一些营销大师来想新名称，最后“Wi-Fi”胜出。这不是首字母缩略词，也不代表其他任何东西。但它与 Hi-Fi（击掌）押韵，听起来很酷。

●因此，WECA 成了 Wi-Fi 联盟。整个世界都转而支持 Wi-Fi。

# 走向未来

●约翰获得了 2009 年澳大利亚总理科学奖。其团队
发明的无线技术每天都在全球数十亿台电子设备（打
印机、手机、平板电脑等）中使用。我们现在拥有的
Wi-Fi 设备的数量比地球上的人还多。

**你会怎么做？**

●尽管约翰的团队发明了 Wi-Fi，但他们没有发现哪怕
一个蒸发的黑洞。你认为他们是失败还是成功？

●你认为当你从事发明创造的工作时，知道你想要发明
什么很重要吗？或者对你工作过程中发现的新想法持开
放态度就足够了？

● Wi-Fi 意味着你的工作中不再需要办公桌。你可以
在海滩、树顶、公共汽车或自行车上工作。但大多数人
仍然通勤到市中心的办公室。你认为这是为什么？你最
喜欢在哪里工作？

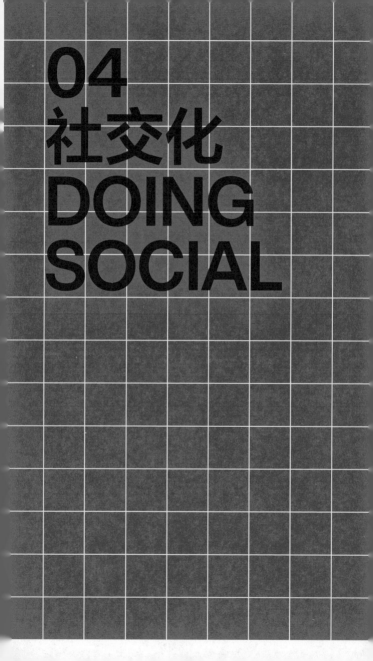

04
社交化
DOING
SOCIAL

# 1995 ON

## 一九九五年：

# 反向追踪、蓝色地毯和谷歌涂鸦

●随着网络开始传播、发展，许多人试图找到更聪明的方法去纵览网络。大多数搜索引擎的工作原理是计算某个词出现的次数。比如，布拉德·皮特网站上的"沉船奶酪配方"一词出现的次数。

●但是，尽管某个网站包含了诸如"斑马""宇航员""手提包""雷明顿"等关键词，也不意味着该网站的内容与这些关键词有实质关联。那么，该如何确定哪些网站真正有用呢？

●值得庆幸的是，早在 20 世纪 90 年代，有两名学生开始研究 BackRub······

技术：谷歌

发起者：拉里·佩奇和谢尔盖·布林

**拉里·佩奇**

- 6 岁时得到第一台属于自己的电脑
- 演奏萨克斯管并学习计算机科学
- 在大学时用乐高制造能正常工作的喷墨打印机
- 大学太阳能汽车团队成员
- 由于声带受损，说话近乎耳语

**谢尔盖·布林**

- 6 岁时离开俄罗斯前往美国
- 仅用了 3 年就读完高中
- 学习数学和计算机科学，在他不去航海、滑雪或水肺潜水时
- 回俄罗斯参加学校旅行并向警车扔鹅卵石……从被警察带走的大麻烦中逃脱
- 喜欢跳伞，能用手走路

## 惹人厌恶（二次方）

● 1995 年，拉里进入斯坦福大学时，谢尔盖已是 2 年级的学生。谢尔盖自愿带新生参观，其中就有拉里。他俩并不完全是一见如故。

我觉得他很讨厌。他对事情有非常强烈的看法，我想我也是。

——拉里·佩奇

我们都觉得对方很讨厌。

——谢尔盖·布林

**155**

● 在整个参观过程中，谢尔盖和拉里几乎都在争论——但他们有点喜欢那样。

# 有趣的
# 反向链接

● 拉里要在大学完成大型的研究项目，但他必须选择一个主题。他喜欢数学，所以，他决定研究万维网的数学结构。为什么不呢？这似乎是个有趣的谜。网络是由链接连在一起的，但这些链接都在哪儿？它们组成了什么形状？

● 拉里认为网页上有两种链接：

● 1. 远离页面的链接（易于研究：只需单击每个链接，即可查看它把你带向何方）。

● 2. 指向该页面的链接，称为反向链接（研究起来比较棘手：你必须浏览整个网络，才能查看哪些链接指向你）。

● 你可以在网页中嵌入无数个链接，可这并不意味着你的网页有用。

● 但是，如果有无数反向链接指向你的页面……好吧，这至少表明有人认为你的页面有用。如果这些反向链接来自其他有用的页面，则表明有些有用的人认为你的页面有用。拉里意识到这就是关键。所以他决定专注于研究反向链接。他将自己的项目命名为"BackRub"。

156

# 你来按摩我的
# 背部★……

● 谢尔盖听说了 BackRub 后想加入研究。他的数学技能很了不起,现在,他和拉里不再假装是朋友,而成了真正的朋友(尽管他们仍然乐于争论)。

● 拉里和谢尔盖把研究成果转化成新型搜索引擎,并称之为"网络爬虫"。它不依赖于关键词,相反,它搜索并计算网站有多少反向链接。它还衡量这些反向链接是否来自有用的网站。

● 听起来容易吗?这可不是一般地难。以下是其工作原理:

● 1. 选择一个网站。

● 2. 找出有多少网站包含指向该网站的反向链接。

● 3. 找出有多少网站包含反向链接,这些反向链接指向的每个网站又反向链接到的首个网站。

● 4. 找出有多少网站包含反向链接,这些反向链接指向的每个网站又反向链接到的那些网站反向链接到的首个网站……

● 5.……

● 这个想法很简单,要实现它需要特别的智慧,包括到处去乞求处理数据所需的大量计算机。

在斯坦福(大学),我们会站在货运码头上,想在计算机运进来时截获它们。我们想知道谁有 20 台电脑,然后问他们能否匀一台给我们。

——拉里·佩奇

# 157

★ 早期 BackRub 的 logo 图片是拉里的手的扫描图像,但看上去非常像一只手在抚摩背部,而"backrub"一词确有背部按摩的意思。

## 谷歌搜索 1 古戈尔

● 搜索引擎仍然被称为 BackRub，但两位搭档想要更好的名字，更……宏大的名字。他们想出了 Google！（谷歌）这个名字！*

● "google" 一词是计数单位 "古戈尔"（googol）的错误写法，这是个数学段子**，隐喻世界上近乎无穷无尽的信息。

● 1000：1 后面跟 3 个 0，1000

● 100 万：1 后面跟 6 个 0，1000000

● 1 古戈尔：1 后面跟 100 个 0，100000000000 00000000000000000000000000000000000 00000000000000000000000000000000000000 00000000000000000000000000000

## 发财了

● 1998 年，拉里和谢尔盖在大学宿舍房间运行谷歌搜索引擎。随后，首位投资者签给他们 10 万美元的支票。发财了！他们撞大运了！为了庆祝，他们搬到高级而闪亮的谷歌总部——朋友家的空车库***，配有亮蓝色地

★ 对，就用这个！ Google！包括感叹号！

★★ 这个数字确实存在。

★★★ 车库属于苏珊·沃西克，她是拉里和谢尔盖的第 16 位雇员。苏珊后来成为 YouTube 的首席执行官。

★★★★ 约什卡是兰伯格犬（来自德国），主人是拉里和谢尔盖的第 8 位雇员乌尔斯·霍尔茨。

毯、乒乓球桌和约什卡****—— 一条个儿大毛多的狗!

# 燃烧的
# 谷歌涂鸦

● 谷歌以每天主页上的涂鸦而闻名。每幅涂鸦都纪念一件（通常）严肃而有意义的事，非常严肃。

● 而首幅涂鸦并非为了纪念，只是一个外出告示。谷歌的全体员工都带上面包，参加在内华达沙漠举办的大型艺术节"火人节"。在谷歌的第 2 个"O"后面，他们插入了燃烧的人的标志……就这样，一项传统诞生了。

## 拉里等级

● 页面等级（PageRank）是谷歌用来计算每个网站重要性的数学算法。它是以网页来命名的？还是以拉里的名字来命名？*

## 想在谷歌总部
## 工作吗？

● 谷歌大获成功后，拉里和谢尔盖搬出了朋友的车库。现在，他们在谷歌总部（Googleplex）**办公，这里的大部分地板没有蓝地毯。数千位谷歌员工***在那里工作，他们的福利包括：

# 159

★ 在英文中，webpages（网页）和 Page-Rank（页面等级）这两个词中都包含了"page"一词，这个词既指代页面，又指代拉里的姓——佩奇（Page）。（本页另外两个注见 162 页。）

1古戈尔中有这么多个 0。

这两页的背景图里印有 $10^{4229}$ 个古戈尔（包括隐藏在这个文本框后面的 0 ）。下面这个例子可以很清晰地展示 1 古戈尔有多大：在已知的宇宙中，约有 $10^{80}$ 个粒子，而 1 古戈尔是 $10^{100}$。

- 公司庭院里霸王龙斯坦（Stan）的注视。
- 免费餐，吃到饱，一日三顿。
- 便宜的背部按摩（真正的按摩，不是网络爬虫）及工作日免费理发。
- 随时提供服务的游泳池、医生、健身房、洗衣房和山羊（山羊是租来除草的）。
- 20% 的时间：该计划允许员工将 20% 的时间（或每周一天）用于与日常工作无关的项目。

# （不可能完成的）
# 任务？

- 谷歌表示，其使命是"组织世界信息并使其普遍可用且有用"。太容易了！
- 到目前为止，为了实现这一使命，谷歌已经：
- 在其搜索索引中存储了超过 1 亿 GB 的数据。（想象一下，你身处在 10 万个 1TB 的硬盘驱动器中间）。
- 为了谷歌街景（Google Street View），在世界各地行驶（并拍摄）了数百万千米的道路。
- 使用 100% 的可再生能源，包括风能和太阳能，为其数据中心和办公室供电。

# 哇哦！

- 2013 年 8 月 19 日，谷歌的服务曾中断了 5 分钟。

★★顺便说一句，Googleplex 是对 googolplex（古戈尔普勒克斯）的改编。你能猜出 1 古戈尔普勒克斯有多少个 0 吗？提示：非常多。

★★★新的谷歌员工被称为 Nooglers。前谷歌员工是 Xooglers。

162

在此期间，整个网络的流量下降了 40%。

## 酷歌

●谷歌以非传统而自豪，他们总藏着些好玩的彩蛋。试试用谷歌搜索：

● Google Mars（谷歌火星）——探索我们最喜欢的红色星球的表面
● askew（歪斜）——但要做好准备，把你的脖子歪过来
● 在谷歌图片中的"敲砖块"游戏（Atari Breakout）——看看你能否打破自己的最好成绩
● "虫族突袭"（Zerg rush）——你能在外星人把你的搜索结果吃掉之前消灭它们吗？

Q 字母表里的 "g"

● 2015 年，拉里和谢尔盖创建了字母表公司（Alphabet），这是一家新的伞形公司，其中包括谷歌及谷歌拥有的其他公司。

●有人估计字母表每周都会收购一家新公司。以下是该公司拥有的部分产业：

● YouTube
● Android
●（很大一部分的）HTC
● Feedburner
● Blogger
● Picasa
● X lab

163

谷歌总部的海量能源需求由 9212 块太阳能电池板阵列提供，你可以看到电池板安装在整个屋顶上。

- Wing
- Oyster
- Apigee
- Kaggle
- Bitium
- Skybox imaging
- reCAPTCHA（很快就会讲到这个）

# 走向
# 未来

●谷歌的业务早已不仅限于搜索引擎。如今，该公司将大量资金投入无人驾驶汽车编程、研究延长寿命的方法、教机器思考等领域。

●拉里和谢尔盖正在创造能看、能听，并能对世界做出反应的眼镜，以及非常智能的计算机，它们能决定何时与你互动，而不是由你决定。

●出售在网页上显示的广告让谷歌每月持续赚到数十亿美元。广告是个性化的，因为谷歌会收集其用户的相关信息，包括你在线时的行为，以及你可能想在哪些地方花钱。

**你会怎么做？**

● 谷歌的搜索策略之所以有效，是因为蒂姆·伯纳斯-李将万维网设计成单向链接：你可以链接到任何页面，无须让对方知道。如果你还记得的话，特德·尼尔森的想法是使用双向链接，在将页面链接起来之前，双方网站管理员必须达成一致意见。如果我们使用特德的网络，你认为谷歌会有什么不同？

● 想象你是非常富有的计算机企业家，想在新项目上投入现金，你会选择什么？一个新的小工具？一项新技术？请画出你的项目及其用途。

● 彩蛋就是你在普通程序中隐藏的笑话或秘密信息。你会把什么样的彩蛋编入谷歌主页？蜂拥而至的外星人？让页面倾斜？

# 2000 ON

# 二〇〇〇年：

# 图灵测试、旧书和目的性游戏

● 你每周花多少个小时玩电脑游戏？再乘以世界上所有玩电脑游戏的人数……

● 如果大家一起工作呢？如果以某种方式充分利用所有时间会怎样？如果这种方式很有趣呢？

技术：目的性游戏

发明者：路易斯·冯·安

●路易斯·冯·安在危地马拉（西班牙语区）长大。他8 岁时，妈妈给他买了他的第一台计算机——康懋达64（Commodore 64）。他很快就爱上了它，自学了如何编写游戏程序。

●路易斯小时候被描述为"活泼好动"。他喜欢只工作 7 分钟，然后跳起来四处走动思考，然后又坐下工作7 分钟。

## 人脑计算机

我们所有人在一起就是世界上最大的超级计算机。

——路易斯·冯·安

●路易斯非常擅长人脑计算：利用每个人的小部分大脑来完成宏伟的事情，通常涉及计算机。

那不过是让人们去做无论怎样都会做的事并努力从中提取价值罢了。

——路易斯·冯·安

## 免费健身房会员！

●路易斯 12 岁那年有了第一个伟大的想法：为什么不在跑步机上安装发电机，这样人们在健身房锻炼时就能同时发电？！

●还有更好的，可以让人们免费成为健身房的会员，这

**168** 样会有很多人来锻炼，然后就可以出售这些人制造的电？！我的天啊！这

事怎么可能有什么问题?

●呃,懒惰?

事实证明这不是个好主意。人们不太擅长发电。收取会员费会好得多。

——路易斯·冯·安

●但路易斯并没有放弃。

## 证明你是人!

●路易斯上大学时,整个世界都被垃圾邮件淹没了。

●垃圾邮件发送者是这样干的:

● 1. 编写一个能注册成百上千个免费电子邮件账户的程序。

● 2. 编写另一个程序,用这些电子邮件账户发送数百万封垃圾邮件。

●路易斯想阻止垃圾邮件,他需要快速简单的测试——人类能通过而计算机不能通过的测试。

## 猫狗猫 .jpg

●要开发出反垃圾邮件测试,路易斯得找到一些人类比计算机做得更好、更快的事情。

●搜索信息

●解出复杂的数学方程式

●下国际象棋

●识别图像

**169**

●计算机不太擅长理解图片的内容:

●它们"看"到的只是一堆像素。但人类看到猫就能认出猫。如果看到狗,就知道不是猫。
- 即便图片里的单词被扭曲或拉伸，人类还是能识别出来。但计算机还没那么聪明。
- 路易斯的想法很简单：如果你想开设新的电子邮件账户，就需要输入图片里扭曲的字符，这会有什么效果呢？

## 验证人类

- 路易斯将他的新测试称为"验证码"：全自动区分计算机和人的图灵\*测试（Completely Automated Public Turing Test to Tell Computers and Humans Apart，简称 CAPTCHA）。
- 很快，数百万人通过使用验证码来证明自己是人类。而且，发送垃圾邮件的计算机程序再也无法打开电子邮件账户。

16 岁的图灵。

170

★图灵测试的命名来自艾伦·图灵。艾伦是计算机天才和早期的机器人爱好者。他在二战期间破解了纳粹的密码，提出了数字计算的概念，还提出了图灵测试，原理如下：你跟两个不同的"人"聊天，一个是电脑，一个是人。如果你分不出跟你聊天的是人还是电脑，那么这台电脑或许就跟人同样聪明……

# 免费的
# 劳动力

●完成一次验证码测试用时不到 10 秒，很快，每天都有数亿人来做测试……

●路易斯算了一笔账：

每天 100 000 000 人

× 10 秒

= 每天差不多 280 000 小时！！而这都是不花钱的！

●路易斯开始思考：如果把这些时间充分利用起来，能做些什么？

## 验证码 <-> 多重验证码

●以下是路易斯的设想：

● 1. 成千上万的印刷书籍和文章等着被输入计算机。

● 2. 每天有成千上万的人在电脑上输入验证码。

●如果我们将二者结合呢？

●路易斯称其发明为多重验证码（ReCAPTCHA），原理如下：你不必输入些乱七八糟的字母来证明你是人并阻止垃圾邮件。你只需输入两个单词：

●一个是计算机认识的单词。输入这个词证明你是人类。

●另一个是计算机无法识别的单词，来自计算机正在数字化的印刷书籍或文章。输入这个词有助于计算机学习识别，从而将书本更快地数字化。

171

●因为每个单词都经过多次测试（是由多人输入的），所以计算机很快就会得知正确的答案。

●而那些讨厌的垃圾邮件还是不能发送。

我所有的项目都试着以公益的方式实现，在任何情况下，我们都不会隐藏多重验证码系统的真正动机。例如，多重验证码的口号是"阻止垃圾邮件，阅读书籍"。

——路易斯·冯·安

## 发财了！

●谷歌在 2009 年以保密的高价收购了多重验证码技术（路易斯暗示：价位在 10 美元到 1 亿美元之间）。
●你能在超过 10 万个网站上看到多重验证码，每天有数百万人在这些网站里输入数百万个单词。

迄今为止，超过 7.5 亿人——人类总人口的 10% 以上——已经通过多重验证码转录了至少一个单词。

——路易斯·冯·安

## 天才！

● 2006 年,路易斯获得了麦克阿瑟奖学金:50 万美元,可用于他想干的事。这个奖学金被戏称为"天才奖"。

总是同样的笑话:"哈哈,我还以为你是个天才。"因此,你真的不能再干任何蠢事了。但我一直在做愚蠢的事情。

——路易斯·冯·安

172

# 读我的心……

●另一个绝妙的想法是超感知觉（ESP）游戏，由路易斯于 2004 年发明。原理如下：

●你有 150 秒的时间来为 15 张图像添加检索词。你并不知道你的游戏伙伴是谁，但他们就在网络空间的某个地方，跟你同时为相同的图像添加检索词。你的指令很简单：尽量输入与他人相同的检索词。

●如果你们输入的检索词相同，你们就能赢得 50 分。计时……开始！

●每周约有 20 万人花数小时按时玩超感知觉游戏。他们喜欢这个游戏！他们还义务给数百万尚未标记的网络图像添加检索词。

# 一石二鸟

●路易斯还有一个了不起的想法：如果你可以通过翻译网页来学习新语言，会是怎样的？

●实情如下：

● 1. 世界上大部分网页都是英文的。但翻译成其他语言要花钱。

● 2. 数百万人不会说英语。但学习语言要花钱。

●所以路易斯构想了一款免费学习语言的应用程序，学生可以通过翻译来学习。

为全人类解放大量受语言束缚的信息。

——路易斯·冯·安

● 如何运作:
● 公司付钱来翻译其网页。
● 这笔钱付给应用程序的运营者。
● 学生免费使用该应用程序,随时随地学习和翻译。
● 网页的翻译质量非常好,因为学生会反复检查,这是他们
  语言学习的重要步骤。

想把整个网络翻译成各种主要语言,是一件疯狂而雄心勃勃的事情,但我们进展顺利。我们非常有信心能够做好。

—— 路易斯·冯·安

# 你玩多邻国吗?

● 根据路易斯的说法:每个美国人满 21 岁时,平均玩了 1 万小时的电子游戏,这个时间约等于全职工作 5 年。
● 如果 10 万人花一个月的时间玩多邻国,就能把维基百科的全部内容翻译成西班牙语。
● 如果你花 34 小时玩多邻国,效果会跟上一学期的大学课程相同。

# 点子、点子、点子

● 路易斯及其团队一直在设计新游戏。他说其中大多数的点子都"傻到极致"。

我每天冒出许多想法。其中绝大多数愚不可及。

——路易斯·冯·安

● 但时不时也会冒出些很棒的东西……

### Matchin'
● 玩法：你跟互不相识的伙伴一起看两张同样的照片，只有几秒钟的时间让你选择，哪张更"有吸引力"。得分？双方认识一致才能得分。
● 目的：建立人类关于美的认知的信息数据库。

### Babble
● 玩法：你跟互不相识的伙伴（说英语的）一起设法找到句子的最佳翻译。得分？这句子是用双方都不会的语言写成的。
● 目的：寻找读起来顺畅的句子翻译。

### InTune
● 玩法：你跟互不相识的伙伴一起收听同样的音频，然后为其打上相同的标签。
● 目的：给音频文件标注，提高其可搜索性。

### Squigl
● 玩法：你跟互不相识的伙伴比赛识别并圈出同一张照片中的一个物体。
● 目的：标记图像中的物体。

175

# 走向未来

●下一个大型人类计算游戏会是什么？路易斯及其团队仍在努力。

如果你能让 1 亿人做同样的事情，你会做什么？我认为，我们能做出了不起的事情。

——路易斯·冯·安

我们还不够高瞻远瞩。如果我们能让很多人去做一些小事，就能为人类做一些不可想象的大事。

——路易斯·冯·安

**你会怎么做？**

●你能否为一款"人们可能想玩"的游戏和"可能有助于解决实际重要问题"的游戏想出好点子？

●路易斯说，在多邻国学习语言跟在大学学习语言同样有效。你认为哪种更有利于学习，在课堂上还是在应用程序中？请用表格列出线上与线下学习的优缺点。

●2006 年，谷歌获得了路易斯的超感知觉游戏授权，并把这款游戏命名为 Google Image Labeler。如今，许多创新者发明新技术的唯一目的就是吸引谷歌的注意力（及其资金）。你如何看待这样的目的？

176

# 2004 ON

# 二〇〇四年：

# 脸书、比萨
# 和戳一下

● 之前的社交网络意味着见面喝咖啡或给朋友打电话。而现在则是发短信、互相关注、发推特和聊天。互联网让人们能以全新的方式联络，引发全新的现象：社交媒体。

● 几乎每个人都在互联网上关注或拥有社交媒体账户。数十亿的人正发布（并观看）海量的视频、自拍、博客文章、美颜照片等。

● 那么这一切是从哪里开始的呢？也许来自一场牙科手术。

技术：脸书（Facebook）
发明者：马克·扎克伯格

# 认识马克·埃利奥特·扎克伯格（MEZ）

● 向马克·扎克伯格问好，他的中间名是埃利奥特。他爸爸是牙医（昵称：Z博士），妈妈是心理学家（昵称：妈咪）。马克有3个姐妹，他超级喜欢《星球大战》。

● 小学时，马克喜欢阅读，更喜欢在电脑上干点啥。他非常喜欢编程，家人为他请了编程家教老师，好让他学得更快。

● 但对马克来说，这还不够快。他开始利用业余时间学习大学水平的计算机知识。

● 之后，他换了学校，遇到了另一个痴迷计算机的孩子——亚当·德安杰罗。亚当给了马克灵感，让马克编写出很酷的程序*。

**我的发明，由生于1984年5月14日的马克发布**

● ZuckNet（12岁左右发布，跟爸爸一起）：让你能跟其他房间的人交流。结果？能让爸爸的牙科手术室知道病人何时到达。（我和姐妹们也使用它，它让我们各自在卧室里就能一起聊天。）

● Synapse（高中时期发布，与朋友亚当一起）：Synapse能记住你的音乐品位，为你播放更多喜欢的音乐。结果？微软要买它！！我说不。所以现在他们想给我份工作。你们在开玩笑吗？我还在上学！再次说不。

● Course Match（18岁）：你能看到其他（又酷又可爱还有趣的）学生在学什么，帮你选择想学的内容。

★几年后，亚当成为脸书的首席技术官。几年后，亚当推出在线问答网站Quora。

结果? 成百上千的学生在用它。我要跟所有好朋友一起学。必须的!

● Facemash(19 岁):让你来投票选出谁的照片更火,决定大学里最火的人。结果? 它如此受欢迎,我的计算机都崩溃了。完蛋! 还有,我可能被开除! 再次完蛋!

● Harvard Connection(19 岁,但这其实不是我的项目,我只是为了挣钱*):让你跟哈佛大学的其他学生联系、增进了解、安排聚会。结果? ……嗯,实际上,这个项目得停了。因为,现在我有了更大、更好的主意……

● Thefacebook(19 岁,但我请了朋友来帮忙):让你能跟朋友联系、增进了解、安排聚会。结果? 哇! 喜欢! 超级流行的玩意! 结果? 把我变成了亿万富翁。

## 名字怎么来的?

● 之前,马克所在的大学会印出全体新生的目录,包括姓名和照片,该目录被称为 facebooks。

● 马克希望自己的线上版 facebook 成为唯一的、最好的线上应用。

● 因为互联网域名 facebook.com 已经被占用,所以他买了域名 thefacebook.com。

● 约一年后,Thefacebook 发展顺利,马克能买得

★ 马克被其他哈佛学生聘来为该项目工作。后来,他不再为这个项目干活,他发布了 Thefacebook(后来更名为 Facebook)。其他学生非常恼火,他们起诉马克,说他窃取了他们的想法。最终,脸书给他们支付了 2000 万美元现金,外加 120 万股价值数百万美元的脸书股票。

起真正想要的域名了：facebook.com。他支付了
20万美元，而后面的故事大家都已熟知。

## （别）给我钱

我记得非常清楚，你知道，我在学校开启了最初版本的
脸书后的一天或者两天，我跟朋友一起吃比萨……当时
我想："你知道，得有人给世界提供这样的服务"。

——马克·扎克伯格

●脸书成立仅4个月，就有人给马克报价1000万美
元收购。马克拒绝了。脸书的业务日益扩展，更大的
公司对它有了兴趣，比如微软和谷歌。他们一次又一
次地想要购买脸书，但马克不想出售*。

## 戳还是不戳

●等等，你在说啥？
●在脸书的早期，有个超级流行的功能是"戳一下"。
你可以通过"戳"一下其他用户来互动。但究竟什么
是"戳一下"？好吧，连马克都不知道。

我们认为弄个没有特定目的的功能会很有趣……而这个
计划被搞砸了，因为用户没得到我们的解释。

——马克·扎克伯格

# 180

★但永远别放弃，对吧？2007年，马
克终于答应了。他只出售脸书1.6%的
股份，以2.4亿美元的价格卖给了微软。

# 家规：
# 禁止用剑

● 当脸书的规模大到无法再放在大学的宿舍里时，马克将它及 6 个朋友——包括亚当——搬到了硅谷的四居室房子里。他们在这里看电影、玩 X-box、举办泳池派对……也为脸书工作。

● 马克曾是学校击剑队的队长。在新房子里，他经常拿起剑和能当剑的东西去解决他感觉棘手的问题。最终，朋友们不得不禁止他在房子里耍剑。

## 多少？！

● 团队成员一直在数脸书吸引了多少用户：

● 1 个月：1 万

● 2004 年：100 万（全来自某些大学）

● 2005 年：550 万（因为，嘿！我们应当鼓励所有学生加入）

● 2010 年：5 亿多（因为我们邀请了所有人）

● 2017 年：每月有 20 亿用户（搞错了吧，扎克？嗯，没错！每个月确实有 20 亿人使用脸书，也就是 2 000 000 000，以免你搞不清这个数字多大。）

# 走向未来

● 脸书的股份让马克成为亿万富翁，但他作为脸书的首席执行官，年薪仅为 1 美元。

● 马克和他的妻子普莉希拉·陈承诺捐出 99% 的财富。

我们的社会有义务为今天投资，为改善所有人的生活投资，为那些已来到或即将来到这个世界的人投资……我们将在有生之年捐赠 99% 的脸书股份——目前约为450 亿美元——以推进这一使命。

——马克·扎克伯格和普莉希拉·陈给小女儿马克斯的一封信

### 你会怎么做?

● 脸书不是首个社交媒体网站，当然也不会是最后一个。MySpace 用于分享音乐，Flickr 用于分享照片，LinkedIn 用于分享工作机会。一些网站消失了，其他网站依旧火爆，而新网站还在不断涌现。谁会想到那些消失的照片、140 个字的博客或 DIY 照片滤镜会如此受欢迎? 你对黑客主题的社交媒体网站有什么想法?

● 想象一下你正在申请梦想中的工作。你在面试时表现不错，新团队看起来很棒，而你未来的老板要求查看你的社交媒体档案。哎呀，那可糟了! 你的社交媒体账户记录了哪些事? 你会把其中的内容展示给父母、密友或老板吗?

182

# 2005 ON

## 二〇〇五年：

## 手摇式电池、太阳能屏幕和OLPC计划

●超过 10 亿的人的生活里没有手机或互联网。但是，如果世界上每个孩子都能访问互联网，看到其中所有的信息、灵感和消遣用的猫咪视频，会发生什么？一位名叫玛丽·娄·吉普森的全息技术专业的学生决定找到答案。

技术：一款名为 XO 的超便宜的手摇式笔记本电脑，由OLPC 计划制造

开发者：玛丽·娄·吉普森

# 看着我的屏幕

●屏幕就像通往其他世界的门户。你每天要花几个小时盯着屏幕。从一开始,玛丽·娄·吉普森就是制作精美屏幕的专家。她在学校时开始制作全息图,然后跟别人共同创立了公司,名为"微显示"(MicroDisplay),业务是让屏幕越来越小。她甚至与英特尔合作,担任其显示部门的首席技术官。

●有一天,她刚睡醒,感觉是时候干点别的事了,新的冒险的事。

## 容易操控的
## 屏幕智能

● 2005 年 1 月,玛丽·娄·吉普森创办了 OLPC 计划,即"每个孩子都有一台笔记本电脑"(One Laptop Per Child)。这一计划的工作人员只有她一人。目的是让世界上最贫穷的孩子能够通过某种渠道,一起来创造、分享和学习。换句话说,就是希望你能自己实现这个目的。

**184**

●玛丽·娄·吉普森的工作是为这个

计划设计完美的笔记本电脑：

● 要非常便宜，你可以给每个孩子一台。

● 要非常耐用，能经受住潮湿的季风风暴、炎热的沙漠，还能被你弟弟摔上几百万次。

● 要技术先进，几乎不需要任何动力即可运行。

……太阳能电池能为计算器提供所需的电。如果我们能让手机、笔记本电脑、平板电脑和个人医疗设备都这样运行，那不是很好吗？

——玛丽·娄·吉普森

## 更新的"新"

● 玛丽·娄·吉普森用美妙的屏幕智慧造出笔记本电脑的原型机，彻底颠覆了常规。（真的，她干得非常好。她并没有砸碎笔记本电脑——而是让它耐砸。）

● 她实现了：

● 新的屏幕技术——即便在阳光刺眼的室外也能看清屏幕。

● 新的电池技术——能长时间使用笔记本电脑。

● 新的电力技术——即使所在的村庄没有通电，你可以使用太阳能或者用手摇曲柄来为笔记本电脑供电。

● 新的网络技术——无须通过昂贵的地下线缆就能访问互联网。

● 新的儿童友好型软件及界面——能自学怎样用笔记本电脑写音乐、制作视频、与朋友一起完成项目，等等。

我们创建的架构非常强大，不仅适用于低成本笔记本电脑，也适用于高端笔记本电脑。

——玛丽·娄·吉普森

185

## 绿色环保

● 玛丽·娄·吉普森的笔记本电脑被命名为 XO，但由于其高效利用能源与可修复性，它也被称为"地球上最环保的笔记本电脑"。

我们的机器大小和重量只有普通笔记本电脑的一半，而且，可由儿童和当地人自行修理。这些塑料部件，包括屏幕都很容易更换。5 岁孩子就能更换我们笔记本电脑的屏幕，因为真的很简单。

——玛丽·娄·吉普森

## 100 美元的笔记本电脑

● 不到一年，玛丽·娄·吉普森就推出了原型笔记本电脑。这款电脑没有活动部件，没有硬盘驱动器和成群的粉丝（热情的支持者）。

● OLPC 计划笔记本电脑的预期售价是 100 美元，不过最终的售价接近 200 美元。而在当时，其他笔记本电脑的售价都高出其近 10 倍。

● 有 50 多个国家、讲 25 种语言的地区购买了总价值超过 10 亿美元的玛丽·娄·吉普森的笔记本电脑。

孩子们能够边做边学，而不必在指导下使用，或死记硬背。他们将开辟教育的新前沿：点对点学习。

——前联合国秘书长科菲·安南

一天又一天，这些电脑不断地被使用着。有了电脑，我们就能发现许多原本就存在于乌拉圭，但我们却不了解的东西。

——17 岁的米凯拉·罗德里格斯，
7 岁时得到一台 XO 笔记本电脑

我认为我们的学校应有的新生活……那一定是我们能用计算机去做最伟大的事情。

——玛丽·娄·吉普森

# （空降）进入未来

● OLPC 计划仍然运行着，而玛丽·娄·吉普森已经在继续前行。她曾为脸书的 Oculus 虚拟现实项目和"谷歌X"超高科技项目工作，比如无人驾驶汽车。玛丽·娄·吉普森发明 XO 笔记本电脑改变了计算机的面貌。但是，OLPC 真的有助于教育吗？

● 这个问题取决于你向谁发问。

● 一些研究人员发现，拥有笔记本电脑并不能提高孩子的数学和阅读测试成绩。而其他研究者发现，拥有笔记本电脑能帮助孩子学会学习。有人说，发展中国家应该把钱花在水和食物上，而不该购买笔记本电脑。也有人说，教育和知识是发展和成功的途径；有人说，OLPC 计划应该去培训教师，让他们学会如何在课堂上使用和保养笔记本电脑。还有人说，孩子充满好奇心、非常聪明，如果笔记本电脑能迅速进入偏远乡村，孩子也能学会怎么使用它。

187

设想一下，把这些机器放进难民营里。如果真正进入难民营的是你，你有过地狱般的经历，而你能在笔记本电脑上忘记这一切，开始探索另一个世界，那会是件非常好的事。

——玛丽·娄·吉普森

**你会怎么做？**

● 你如何看待 OLPC 计划？无法给每个孩子都提供笔记本电脑是否就说明该计划失败了？现在就断定计划成功与否，是不是操之过急了？该计划在实施过程中，有哪些有益的经验？

● 玛丽·娄·吉普森最近成立了一家名为 Openwater 的公司，力图降低大脑医学影像的花费。你会如何用这项技术？如果你真的能让思想成像，设想一下，你需要发明什么样的设备？

# 2010 ON

# 二〇一〇年：

# 凌晨四点、推送博客文章和 Fiftysix Creations

●很快，平板电脑和智能手机也开始加入马拉松式的竞争。微型化技术使你能随时随地访问网络上的任何内容。键盘和鼠标消失了——现在你只需在屏幕上滑动手指。至于是左转还是右转、由谁来负责在地图上找路线，这样的争吵已一去不复返了，交给智能语音助手就行了！

●你能滑动屏幕来阅读世界上所有的媒体。但如果你不仅可以消费，还能创造呢？

技术：能自行定制并为其编程的平板电脑

发明者：泰吉·帕巴里，2017 年年度澳大利亚昆士兰杰出青年奖得主

# 关于钱

● 泰吉·帕巴里并不特别喜欢学校。与其按照规则玩，他更想纯粹地玩。他多次被停学，还差点被开除。

● 而这些都无法阻止他充分利用自己的时间。11岁时，他开设了博客，发表关于新游戏和新技术的评论。这些评论是孩子们写的，也是给孩子们看的。随着其博客越来越受欢迎，一些公司把付费广告投放到他的网页里，这让泰吉开始赚钱。

● 他把这些钱付给其他孩子，让他们写更多评论，这使得网站的流量增加，他的生意更好了。

到小学毕业时，我每天靠广告能赚 10 美元，我觉得这很酷。

——泰吉·帕巴里

# 56 项创造

● 泰吉 14 岁时，创办了另一家公司。这个想法源于一个项目：孩子们必须用学校的 3D 打印机将两块塑料粘在一起。很简单。但泰吉想知道能否用 3D 打印机制作小型计算机的塑料外壳。结果是：可以。

● 他创办了一家公司，名为 MechTech Creations，后来又改名为 Fiftysix Creations（字面意思为 56 项创造）。他的想法是，发明能让孩子们自行组装的平板电脑，这种平板电脑还能用来创建自己的应用程序和博客，最终开创自己的

190

事业。他招募了几个合伙人，并以众筹现金的方式启动。
●随后，他每天凌晨 4 点起床，这样他就能在上学之前
为该项目工作 3 个小时。

## 56 个错误

●泰吉喜欢看比尔·盖茨、史蒂夫·乔布斯和马克·扎
克伯格在 YouTube 上发布的演讲视频。他了解成功
来自努力工作、跳出框框思考的能力，以及抓住失败中
蕴含的机会。

拥抱失败。从你的错误中吸取教训，还有就是，不要一
再犯同样的错误。

——泰吉·帕巴里

## 你有好主意吗？从年轻时开始

●泰吉认为，你开始实现梦想的最佳时机是上学时。
他说，在学校里不是要吸收知识，而是要学习如何创造
知识。

上学时间只是早晨 8 点到下午 3 点。你有很多空闲时
间来创业。如果你对某件事充满热情，就付诸行动，奇
迹会发生。行动起来吧！

——泰吉·帕巴里

191

# 走向未来

● 泰吉希望他的平板电脑能送到澳大利亚以外的地方，以帮助贫困国家的孩子。他已经向尼泊尔、印度和非洲的孩子们捐赠了平板电脑。

● 到 2020 年，他的目标是向 100 万儿童传授科学、创新和创业精神。

## 你会怎么做？

● 你在放学前后有多少空闲时间？你能想出一些你愿意投入时间的创意吗？制作一些能改变世界的事物呢？

● 泰吉创办公司时还太年轻，无法担任正式董事。他不得不雇用成年人来经营他的公司。如果让别人控制你的梦想，你会有什么感觉？

# 2010 ON

# 二〇一〇年：

# 智能手机、myKicks 和水果忍者

● 人们整天用电子设备做些什么？尽情发挥你的想象力，说不定某款手机应用程序就会将其实现。有的应用程序能发出放屁声，有的能让你捏碎虚拟气泡膜，有的教你如何在世界末日生存，还有的能让你练习数 100 万美元。你可以用一款应用程序来伪装重要的来电（比如来自你的医生或时装设计师），或者假冒任何人给自己发送消息："我有后台通行证，所以演出结束后见 <3。"

● 应用程序能做任何事情，但这并不意味着所有应用程序都已经开发出来了。随着技术的发展，应用程序的可能性正朝着捕捉星辰靠近……或者是任何一个目标。

技术：myKicks，一款向全世界展示你踢球有多棒的应用程序

发明者：霍莉·艾德 - 辛普森

# 运动机会

●霍莉·艾德-辛普森喜欢运动。在学校，她是无板篮球队和排球队的队长。她也热爱科学，她本来计划进大学学习物理，后来转而学习电子和计算机工程。

●唯一的问题是，她从没有真正接触过计算机。

进大学的第一天，他们让我组装电脑硬盘，我吓坏了，太难了。

——霍莉·艾德-辛普森

●但霍莉学得很快，她发现自己喜欢技术工作中的波折起伏。

你度过了美好的一天，写的程序一切正常。但第2天，程序就出问题了。你得继续加油，继续战斗。

——霍莉·艾德-辛普森

## 1次，2次，3次

●有一天，霍利申请了谷歌公司的实习机会。经过两次史诗般的电话面试和两次技术面试后，她得以进入谷歌。

你必须具有谷歌精神才能在谷歌实习。那是种生活方式，你在支持别人，你希望别人都过得好。

——霍莉·艾德-辛普森

他们看着我写程序，这让我很伤脑筋，但也很有趣。

# 194

——霍莉·艾德-辛普森

●霍莉震撼了谷歌,并被邀请再次来谷歌实习。她没错过这次机会。

●但是,当谷歌第 3 次邀请霍莉来实习时,她拒绝了。他们说这次是邀请她从事她喜欢的人工智能研究,她还是说不。

●因为霍莉正在酝酿另一个创意……而且,这一创意具有影响全世界的潜力。

在谷歌,许多人有着不同的、充满激情、令人难以置信的头脑,但在我自己的公司里,我能影响所有领域,让技术的激情融入我们的日常生活。

——霍莉·艾德-辛普森

## 获取属于你的 myKicks

●足球是世界上最受欢迎的运动,超过 10 亿球员投身其中。那么,如果你能说动其中少部分人购买你的应用,会怎样?

●这就是霍莉的应用 myKicks 背后的想法。那是一个超级强大的工具,用于记录和分析你超凡的足球技巧。你不需要特殊的球或昂贵的硬件,你只需要你的智能手机。借助人工智能和增强现实技术,该应用程序能做到:

●跟踪你踢的球。

●提供你的速度和准确性的统计数据。

●计算你射门时进球的可能性。

●你还能在社交媒体上发布你的最佳进球。如果你真的愿意,也可以发布最糟的进球。

195

# 场内和场外团队合作

● 霍莉现在是她创办的公司 Formalytics 的首席技术官，领导着一个开发团队。

我们都非常努力以确保成功。我们相互信任以完成工作，我们都珍惜彼此付出的心血。

——霍莉·艾德－辛普森

# 走向未来

● myKicks 的技术能跟踪球形物体。从理论上来说，经过调整后，它就能适用于任何圆球运动：网球、板球、曲棍球、乒乓球……

● 霍莉说，最困难的事情是找到公司下一步的运营方向。

### 你会怎么做？

● 有些澳大利亚应用程序开发人员大获成功。例如，沙伊尼尔·迪奥的"水果忍者"赚了数百万美元。发动头脑风暴，看看你能发明什么样的应用程序。

● 你会拒绝去谷歌实习吗？ 如果你有个非常棒的想法，你会怎么做？

196

# 05
# 努力应对
# WRE-
# STLING

# 僵尸网络、垃圾邮件和僵尸电脑

● 窃取你的秘密、弄瘫你的网站、清空你的银行账户、删除你的硬盘，或者，只是证明一个观点。计算机犯罪分子的职业生涯就是寻找巧妙的方法来接管你的计算机，并毁掉你的成果。

技术：一台普通的电脑或智能手机（甚至可能是你的那台），用来干坏事

控制者：没人知道。啊哈哈哈！

# 问：你怎么知道你的电脑是不是僵尸？

●答：你无法知道*。

●僵尸计算机看起来跟普通计算机没什么不同，运行方式完全一样。但其电子核心被不法分子占据，内存被恶意软件的非法代码侵入了。

## 泛滥的垃圾邮件！
## 绝妙的斯帕姆！

●在英语中，"spam"这个词在被指代为"垃圾邮件"之前，指的是一种肉罐头——斯帕姆（SPAM）午餐肉。"spam"一词的意思变成"不想要、不需要"源于电视连续喜剧《巨蟒剧团之飞翔的马戏团》。在一集具有历史意义（还超级好笑）的短剧中，女服务员列出的咖啡馆菜单里大部分是肉罐头，但她的声音被其他顾客（碰巧是维京人，为什么不呢？）的歌声淹没了，而歌词也主要是肉罐头，这让对话成了"垃圾"对话。"垃圾邮件"由此得名。

★如果你发现你的计算机运行缓慢，可能它的后台正在运行僵尸程序。

# 大流行

● 每天被发送的数十亿封垃圾邮件，大部分来自全球 1亿多台僵尸计算机。

● 任何接入互联网的计算机都可能成为犯罪分子的目标。一旦你的计算机感染了恶意病毒或机器人程序（bot，是机器人"robot"一词的缩写，不是屁股"bottom"），攻击者就能随意使用它。你甚至都不会知道。

# 特洛伊木马

● 某天早上，你打开家门。门口有匹巨大而漂亮的木马。你会：

● a）请马进门来吃蛋糕

● b）将马颠倒过来，好好摇晃一下，发现隐藏其中的几十个坏人

● 在原来的故事里，特洛伊木马欺骗了特洛伊人，让敌军进入他们的城市。敌人在特洛伊紧锁的城门外，树立起巨大的木马。而特洛伊人以为这马是礼物，他们打开城门，把木马推进城。但木马是空心的，肚子里塞满敌军战士和间谍。特洛伊人把木马运进来，也就毫无察觉地放敌人进了城。唉！特洛伊城就这样沦陷了。

● 在计算世界中，特洛伊木马以同样的方式工作：欺骗你。

- 下载我来保护你的计算机
- 点击此处查看你的银行消息
- 一位朋友向你发送了搞笑视频！点击立即观看！

● 你可能会被诱骗访问被感染的网站，或下载被感染的文件。无论哪种方式，敌人都找到了入侵你计算机的方法。

## 斩首

● 用机器人程序将僵尸计算机连接而成的网络就是僵尸网络。名为"Rustock"的僵尸网络驱使着 100 万台僵尸奴隶。Rustock 在 2006 年到 2011 年运行，在高峰期每天可以发送 300 亿封垃圾邮件。也就是每小时发送 12.5 亿封电子邮件，每分钟发送 2000 多万封电子邮件，或每秒近 35 万封电子邮件。这比你打字的速度还快。

● 为了取缔 Rustock，警方同时清理了其位于多个国家的 9 个计算中心。他们成功消灭了僵尸网络，一夜之间，全球垃圾邮件减少了 30%。

● 不过，毫无悬念的是，新的僵尸网络很快就取代了 Rustock。谁是这些邪恶背后的策划者？我们还不知道。

# 僵尸大军，
# 进攻！

● 僵尸网络还能通过所谓的"拒绝服务"攻击来让网站瘫痪。反垃圾邮件站点，如垃圾邮件预防预警系统网站（简称 SPEWS），通常是被攻击的目标。

● 想象一下，10 万台僵尸计算机同时访问 SPEWS 网站。

● 大多数网站都不是为这种规模的访问而建立的。随着僵尸蜂拥而至，网站崩溃了。僵尸无法访问网站，而合法的非僵尸用户也不能访问。这就是攻击的目的：让网站拒绝服务。

# 黑手党变成
# 白帽子

● 2000 年，15 岁的迈克尔·卡尔斯化名"黑手党男孩"，用其卧室的电脑攻陷了几所大学的计算机网络。为了向朋友们炫耀，他用这些大学的计算机攻击亚马逊、美国有线电视新闻网、戴尔公司、E*Trade、易贝和雅虎（当时是世界上最大的搜索引擎）等网站，令它们崩溃。

在此之前，我只是个普通的孩子，在郊区长大。

——迈克尔·卡尔斯

●美国联邦调查局追踪并逮捕了迈克尔。之后，迈克尔决定将自己的能力用于善，而不是恶。他曾作为白帽子黑客，帮助商业公司发现并解决其计算机安全问题。

从我第一次接触个人计算机起，也就是 6 岁时，我就知道，我的生活将与计算机永远相连。

——迈克尔·卡尔斯

## 走向未来

●计算机变成"僵尸"只需几分钟。为了保护你的计算机，请将安全软件设置为自动更新。
●防病毒：自动更新
●反间谍软件：自动更新
●更新：自动安装

●可悲的是，即便是防御最好的计算机，也无法避免你的自我伤害。
●不要在网上透露你个人的详细信息。
●不要点击未知链接。
●还有，不要从不可信的网站、U 盘，或从你朋友的不可信的僵尸计算机下载文件。

203

**你会怎么做?**

● 许多黑客最后会从事计算机安全工作。你会雇用黑客来负责计算机安全吗? 为什么?

● 有时恶意软件的目的不是导致计算机崩溃,而是挟持其作为"人质"来发挥作用。比如,勒索软件,它会加密你所有的数据,除非你付费,否则它不会为其解锁。如果这样的事情发生在你的身上,你会怎么做? 如何避免成为勒索软件的受害者?

● 通常,垃圾邮件会试图误导你,让你以为自己中了彩票、继承了数百万遗产、得到很棒的工作等等。试着分析一封垃圾邮件,看它是怎样吸引受害者点击恶意软件链接的。

204

# 攀岩、姜饼屋和安全公主

●专业黑客每天攻击全球计算机网络数十亿次，有些是在做好事，而有些是在作恶。

技术：谷歌浏览器的网络安全
管理者：帕里莎·塔布里兹

# 做黑客或
# 被黑客入侵

● 帕里莎·塔布里兹的妈妈是护士，爸爸是医生。

● 小时候，她喜欢艺术、运动，还要忍受两个脾气暴躁的兄弟。后来她在大学学习工程学，并与计算机相遇。

● 帕里莎用"天使之火"（Angelfire）这款工具提供的服务来建立网站。该服务是免费的，前提是你能接受其中的广告。帕里莎不想在网站中显示这些广告，所以她开发了黑客软件来删除广告。

● "天使之火"发现并修复了这个漏洞。所以，帕里莎又开发了新的黑客软件来删除广告。就这样你来我往，持续了好一阵子。

我喜欢那种挑战。这就是我进入计算机安全领域的方式。

——帕里莎·塔布里兹

## "黑"客（Hack）

● /hæk/

● 动词：

● 1. 未经授权访问计算机系统

● 2. 创造一个全新而又聪明的解决方案

● 3. 反复地砍，无情地打击

●名词：
●非正式用语：计算机黑客行为

# 黑帽子，
# 白帽子

●白帽子黑客将技能用于善，而不是恶。他们通常帮助别人发现和解决安全问题，以此来赚钱。
●黑帽子黑客则相反：他们窃取并出售信息，所以他们也被称为"破解者"，因为他们会侵入诸如安全计算机系统或受保护软件之类的东西。
●灰帽子黑客有点两者兼而有之……毕竟，谁能来决定什么是善，什么又是恶？

# 你已经被
# 攻破了

●一天，帕里莎的网站被人黑了，她很生气……然后她就想明白了。帕里莎加入了"SIGMil"，这是一个专注于互联网安全的学生俱乐部。她研究无线网络安全和保护隐私的技术，暑假还在谷歌实习。随后，她开始"以毒攻毒"。

# 安全公主

●帕里莎在谷歌的工作是信息安全工程师，她觉得这太无趣，就更换了自己名片上的头衔，因此，她的头衔是"安全公主"。当她被提升为谷歌浏览器安全团队的负责人时，她的头衔就变成了"浏览器老板"。

反黑信息安全很有趣，我很幸运，能与世界上最棒的人一起工作。

——帕里莎·塔布里兹

●现在，帕里莎领导着由安全专家和黑客工程师组成的团队，对恶意黑客攻击从不妥协，保护着谷歌浏览器*。她的工作是先于黑帽子黑客找到并修补浏览器的漏洞。

我喜欢的东西——帕里莎

●谷歌
●制作冰淇淋
●烧制玻璃
●制作姜饼屋**
●攀岩

★她还承担美国政府和白宫的软件安全工作。

★★帕里莎一家有设计制作姜饼屋的节日传统。她造的姜饼屋包括：白宫、吃豆子游戏、笔记本电脑和密码屋，用很多的0和1装饰。

## 通缉：软件错误
## 奖励：10 万美元

● 听说过 Gzob Qq 吗？Gzob 是一位匿名黑客的昵称，2016 年到 2017 年，他在谷歌的安全奖励计划中赢得了 10 万美元。计划的内容是，如果你能在其软件中找到错误，并将其报告给谷歌，你就能收获丰厚的奖金。
● 自 2010 年该计划启动以来，谷歌已经为此支付了900 多万美元的奖励。

## 可能只是件小事……

● 2017 年，乌拉圭的高中生埃兹基埃尔·佩雷拉发现谷歌应用引擎中的一个错误，获得了 10 000 美元的奖励。

> 7 月 11 日，我很无聊，因此，我试着帮谷歌找错误。
> ——埃兹基埃尔·佩雷拉

● 多次尝试未果后，埃兹基埃尔找到了进入谷歌机密页面的方法，他立即报告了这个错误。

> 我心想，很酷，这可能是件一文不值的小事。……几周后，刚出校门，我就收到电子邮件，说我报告的价值远不止一文。
> ——埃兹基埃尔·佩雷拉

# 我的其他电脑
# 就是你的电脑

● 黑客花费大量时间寻找安全漏洞，他们能利用这些漏洞，让你的计算机变成他们的。

● 帕里莎的工作包括，教程序员在发布代码之前，如何去查找和修复代码中的错误。

不幸的是，包括我写的程序在内，没有无法破解的程序。这值得人们深思，无论好坏，现实世界的安全也是如此。

——帕里莎·塔布里兹

# 向黑客致敬

● 计算机黑客通常自学成才、足智多谋、善于创造、越挫越勇。他们擅长适应和改变计算机系统，让它为自己所用，发现技术局限性和可能性，并能让计算机以新的方式运行。

● 上面这些事情都不是在挑战法律。

我们雇用的许多人只是有这种好奇心，想要理解世界。也许有点捣蛋的倾向，想去做些出人意料的事情。

——帕里莎·塔布里兹

# 老鼠！

● 世界上首位黑客，很可能是魔术师内维尔·马斯基林。

● 1903 年，伦敦的科学精英齐聚一堂，公开展示一项新技术：所谓的"安全"无线电报。

● 每个人都在等着，位于 300 英里外的意大利发明家古列尔莫·马可尼将发来一条"加密的"莫尔斯编码信息。

● 突然，让人意想不到的消息出现，发自内维尔：

老鼠！老鼠！老鼠！

有一位意大利的小伙子，

他欺骗了公众。

● 内维尔不是伟大的诗人，但他是伟大的黑客，他揭示了所谓"安全技术"中的安全漏洞。

## "您能帮我一下吗？"

● 凯文·米特尼克，曾是美国联邦调查局的头号通缉犯。他 13 岁时就踏上犯罪的道路。当时，他用花言巧语请求公交车司机帮他完成"学校项目"——购买自己制作的刷卡机，这样他就能免费乘坐洛杉矶的所有公交车。

● 凯文后来"黑"了几十家公司，但他不是为钱，而是为了乐趣。在此过程中，他学习了大量信息技术和编程技能，但他最宝贵的技能是社交。他很有魅力，也很友好，乐于助人，还很风趣。

**211**

他假装是你最信任的人。然后，他把你——及你的信任——绕晕。

并不是说人们愚蠢。我们只是人而已，我们的信任会被利用。

——凯文·米特尼克

● 坐了 5 年牢后，凯文作为白帽子黑客，开始了新生活。

## 诗与美

● 跟埃达·洛芙莱丝一样，黑客安娜·摩尔也看到了计算中的诗意。

● 但和埃达不同的是，安娜的父母鼓励她成为黑客。他们给她买了一台电脑，让她想怎么玩就怎么玩，还开车带她去参加会议。父母鼓励她探索自己行为的界限并处理相应的后果。年仅 15 岁时，她在一年一度的黑客大会（DefCon）上赢得了网络伦理生存赛（CyberEthical Surfivor）的冠军。

黑客是诗歌和美的艺术。

——安娜·摩尔

# 脚本小子和
# 破坏者

● 尽管编写计算机程序需要聪明才智，但哪怕是个傻瓜也能运行程序。那些只能用自动化的黑客软件搞恶作剧和线上涂鸦的人，自诩为黑客，但其实不过是"脚本小子"罢了。

## 走向未来

● 历史上的许多黑客已经改变了世界。

● 蒂姆·伯纳斯-李在牛津大学玩黑客入侵，后来发明了万维网。

● 凯文·米特尼克现在经营着受人尊敬的信息技术安全公司。

● 朱利安·阿桑奇*后来创立了维基解密。

● 史蒂夫·沃兹尼亚克和史蒂夫·乔布斯创建了苹果计算机公司。

● 新一代黑客也做出了贡献：

● 简·库姆发明了 WhatsApp。

● 德鲁·休斯顿创办了 Dropbox。

● 破解 PS3 和 iPhone 的少年乔治·霍兹发明了 "1000 美元的驾驶套件"，能将普通汽车变成无人驾驶汽车。乔治还从谷歌安全奖励计划中获得了 15 万美元的奖金。

# 213

★ 没听说过朱利安？请阅读下一章。

**你会怎么做？**

● 假设你有权访问世界上任何一个计算机系统。你会选择哪一个？你会如何处理你发现的信息或数据？

● 有些人认为我们应该开办黑客高中，传授技能和知识，以培养负责任的新黑客。你觉得这个想法怎么样？

● 谷歌的安全奖励计划鼓励普通人帮助帕里莎及其团队。2017 年，谷歌宣布了"谷歌除虫奖励计划"，如果黑客在流行的应用中发现漏洞，该计划就会支付报酬。其他公司也向发现和报告错误的人支付奖金。那么，你还在等什么？

214

# 高度机密、曝光与民主

- ●无论你是好人、坏人，还是介于两者之间，有了互联网，要保守秘密真的很难。
- ●你所做的、所说的或所写的都会被记录下来（或者被"黑"），然后被发布给全世界看。你需要做的，只是在某个地方发布它。

技术：维基解密——曝光秘密的网站
控制者：朱利安·阿桑奇

# 50个城镇的
# 37所学校

● 朱利安·阿桑奇的父母都是反战抗议者。

● 在他小的时候，他的妈妈同继父拥有一个流动剧团，因此他经常搬家。后来，为了逃避一段糟糕的关系，他和妈妈多年来一直居无定所。

● 朱利安说，他15岁前在37所学校上过学，在50个城镇居住过。有一次搬家，他们住在一家电子商店的对面。

● 朱利安在那家商店里度过了好些时间，他喜欢里面的东西，并开始自学编程。

## 国际颠覆者

● 16岁时，朱利安正式开始成为一名黑客。他在墨尔本的卧室里工作，代号为"门达克斯"（Mendax）。

**Mendax**
● 源自拉丁语 splendide mendax，意为"高贵的虚假"或"具有充分理由的不真实"。

● 他和两个朋友成立了黑客组织，称之为"国际颠覆者"（International Subversives）。他们3人制作

**216**

的绝密杂志，其中包含了如何破解和窃听电话的技巧。这是一本超级排

他的出版物：仅有他们 3 位读者。

●朱利安开始侵入安全级别超高的网络，如 NASA、美国国防部（五角大楼）。

●他本可以把看到的敏感信息复制出售，获利数百万美元，但他并没有这么做。他的黑客行为纯粹是为了刺激。

# 账号 nortel，密码 nortel

●终于，在 20 岁那年，朱利安被捕了。警方指控他侵入了北方电信（NorTel）的网络，的确是他干的。

●他编了一些密码破解软件，入侵了北方电信的网络，然后用这些软件破解了北方电信数以千计的密码。

●但一开始，他是如何侵入该网络的呢？他猜对了某个账号的登录信息：

●用户名：nortel
●密码：nortel

●朱利安面临 10 年监禁，但因为他没有恶意，法官只对他处以罚款。

## 破解密码

● 你的密码有多脆弱？以下是一些世界上最常见（也是最糟糕）的密码：

● 123456
● password（密码）
● qwerty（键盘上的连续第一行字母按键）
● baseball（棒球）
● monkey（猴子）
● letmein（让我进去）
● abc123
● 111111
● superman（超人）
● shadow（影子）
● trustno1（别信任何人）

## 要数学，
## 不要战争

● 朱利安曾在大学学习数学和物理，但时间不长。当他意识到有些大学的研究被军方利用时，就退学了。

● 他开始热情洋溢地鼓励人们去争取表达自己想法的权利，以及了解政府所作所为的权利。

● 他开设网站，分享那些他认为不应该保密的信息，他把这个网站命名为"维基解密"："存储世界上最严重的迫害档案的巨型图书馆"。

**218**

● 该网站允许人们"泄露"信息：他们可以上传机密文件和绝密文件，

但不会有人知道他们是谁。

●朱利安说，他想通过揭露真相来反击压迫、阴谋和腐败。越是隐秘不公的组织，曝光其秘密，其领导层和智囊团就会越加恐惧与偏执。

——朱利安·阿桑奇

## 吹哨人

●泄露秘密的人被称为吹哨人。他们像裁判一样，看到不公或非法的行为，就会吹哨。

●朱利安认为，无论情况如何，吹哨人的身份都应该受到保护（类似超人和蝙蝠侠）。但并非所有人都同意这个观点。

●美国士兵切尔西·曼宁曝光了 72 万份文件，揭示美国在伊拉克和阿富汗的战时行径。她将文档下载到 Lady Gaga 的音乐可重写光盘上，因为没人会怀疑标有 Lady Gaga 标签的东西会真的很重要。

●她跟朋友提到了这个小细节，而这位朋友又告诉了别人。

●接下来，切尔西被捕并被指控犯有 22 项罪名，包括"帮助敌人"。在美国，该罪名可处以死刑。她被判入狱 35 年，服刑 6 年后，她被当时的总统巴拉克·奥巴马赦免。

# 你泄密了！

● 维基解密已经发布了 1000 万余份机密和秘密文件，包括视频和电子邮件。曝光的事件涉及世界各国的腐败和犯罪细节。

● 有人说，曝光的信息使得族群意识充分提升，或改变了人们对战争的看法。其他人则表示，它使人们处于危险之中，不涉及真正的公共利益。

● 有些人称朱利安为高科技恐怖分子。他们可能是对的。

要推翻国王，需要付出生命。人们会迅速沉迷于革命的大屠杀。

——朱利安·阿桑奇

● 还有人想提名他获得诺贝尔和平奖。他们也可能是对的。

每次我们目睹不公正事件而没有采取行动，我们都在训练自己的顺从性格，最终，我们会失去保护自己和所爱之人的所有能力。

——朱利安·阿桑奇

## 最终的赢家是……

● 在 2016 年美国大选期间，维基解密公开了总统候选人希拉里·克林顿数千封私人电子邮件。在竞选活动中，另一位候选人唐纳德·特朗普则盛赞"维基解密"，多次宣称"我爱维基解密"。

**220**

● 调查显示，希拉里的电子邮件没有

违法，而泄露的信息仍然让人们对她产生怀疑。

● 唐纳德·特朗普赢得了选举，这一结果对世界产生了重要影响。但维基解密真的改变了什么结果吗？

● 谁泄露了这些电子邮件，为什么？为什么维基解密选择在如此敏感的时间发布这些邮件？没有证据，但有很多猜想……

## 那是我非俄裔阿姨最好朋友的猫吗？

● 朱利安说，他知道是谁将希拉里的私人电子邮件提供给了维基解密，但不是俄罗斯人。

● 但也许是俄罗斯人将电子邮件交给了那个人。

● 或者，也许他们把邮件给了某人，再给另外的某人，再给了朱利安。

● 或者（这是我最喜欢的理论），也许他们把邮件给了某人，再给了其他某人，再给朋友的阿姨，再给其他的某人，再给了朱利安。

● 归根结底，我们谈论的是国际间谍活动，所以你只能去想象，真正的事实是什么。

## 社交媒体与民主

● 互联网上充斥着太多太多的不实信息，而像你我这样的普通人，只能阅读和传播谎言。

**221**

● 在许多国家，技术已被用来左右舆论。有些国家会屏蔽某些网站，或在关键时刻关闭互联网。有些人用社交媒体来控制言论、操纵社会议题。毕竟，如果 96% 的人都认为"我很棒"，估计你也会那么认为。

## 初级被黑
## 指南

●想象一下，你有一个巨大的秘密，不惜一切代价去保护的那种。

●不幸的是，黑客能以上千种方法来揭开你的秘密，他们只需扫描你的个人数据即可。对黑客来说，获取数据最简单的方法，就是让你把数据提供给他们：

● 1. 黑客建立名字看起来很可信的虚假公共 Wi-Fi 网络，例如 Free_Telstra（免费澳大利亚电信），或 wifi-Public（公共 Wi-Fi），或 Xpresso_public（快线公共网），或 I_am_not_a_hacker_pinky_promise（我发誓我不是黑客）。好吧，也许最后那个不是，但你应该能明白。

● 2. 你登录到冒牌的 Wi-Fi 网络。

● 3. 一切看起来都很正常，但现在无论你在网上做什么，都被黑客监视着进行，把你的私人登录名、密码及个人详细信息都发给了黑客。

222

# 走向未来

●多年来，朱利安一直住在厄瓜多尔驻英国大使馆为他改建的办公室里。他担心如果离开那里，就会被捕，引渡到美国并被投入监狱。2019 年 4 月，厄瓜多尔不再为朱利安提供庇护。随即，朱利安被英国警方逮捕。

●维基解密还在持续披露着信息……接下来会发生什么？

你会怎么做？

●朱利安的"维基解密"的所作所为有什么好处和坏处？你怎么看他为之奋斗的事业？

●众所周知，朱利安是个非常注重隐私的人，始终保守自己的秘密。然而，他却非常愿意分享他人的秘密。你怎么看待这种差异？

这就是朱利安。
摄影：戴维·G．西尔维斯

# 你的线上生活、假新闻和七个识别 -> 诱导点击 <- 的惊人技巧

- 黑客不需要窃取你的数据。实际上，大多数的数据是由我们自己泄露的。
- 计算机收集数据的方式，和原子粉碎、恒星爆炸方式，以及我们数十亿人喜欢的生活方式一样。我们以前从未创建和记录过如此多的数据。
- 其中一些数据被用于科学研究。还有一些数据用于向你兜售五花八门的商品。

技术：世界上最强大的技术
控制者：想要你钱的那些人

# 我知道你上星期五做了什么

● 你做的一切都会被广告商用来对付你。

● 你的手机让这些公司知道你在哪儿、行走的速度、要去哪儿、花了多长时间（步行上班？那我们就向他们出售鞋子和防晒霜）。

● 你的银行卡会告诉这些公司你在哪儿购物，购买了什么，何时购买的（星期五晚上？那我们就卖给他们比萨和电影票）。

● 你的通信服务商知道你给谁打电话了，聊了多长时间（加拿大的朋友？那我们就卖给他们机票和枫糖浆）。

● 你的互联网搜索引擎知道，你对谁感兴趣，想在派对上穿什么（不再查询泽恩·马利克的热门歌曲？那我们就向他们推销去除文身的手术）。

● 计算机能处理与你息息相关的数据，为这些公司提供你的生活方式、何时可能死亡、想把钱花在什么方面等最优质的信息。

## 你的大数据生活

● 有人可能会说像脸书这样庞大的社交服务网站拥有了你的生命。嗯，不完全是。它们拥有的是庞大的数据库，其中包含其数十亿用户的私人和公共生活的相关信息。它们能依据这些信息，向人们推送有针对性的广告。

**225**

- 你喜欢狗吗？你戴帽子吗？你想旅行吗？
- 这里有狗粮、商店和度假的广告。
- 谁来决定哪些帖子是能发布的？社交服务网站。
- 谁决定哪些照片不能分享？社交服务网站。
- 社交服务网站有权删除或传播你的帖子。
- 社交服务网站能决定哪些朋友可以看到你的更新，以及哪些帖子会在你刷新时出现。这意味着它们控制着你的信息源。你读到的内容，是它们想让你阅读的内容。

## 快速致富

- 多亏了互联网，普通人现在能看到大量的信息。
- 但这项技术在赋予普通人权利的同时，也赋予了另外一些人权利。不妨想一想，谁收集并拥有这些数据？谁有资源抓住新机会？谁可以购买最好的营销服务？

## 明星毛毛虫揭露了两个
## 令人震惊的秘密！！

- 曾几何时，只有编辑、记者、他们的老板、广告商和赞助商才有创造新闻的权利。这意味着他们控制着你的所见所闻。
- 现在，任何人都可以发布任何内容。这很好，因为这意味着我们都被赋予了权利。但这也很糟糕，因为这

**226** 意味着你发布的内容可能不一定是真实的。

你不会相信，多年来，这些毛毛虫的存在一直被掩盖！
PS：明星毛毛虫是实际存在的。
PPS：不，它们不存在。我编的。你点击了吗？

# 98% 的"事实"
# 都是假的★

● 假新闻是某些人编造的"新闻",有时,是为了欺骗或操纵你而编造的。还有些时候,只是为了吸引更多人来看广告,赚更多的钱。

● 因为有了社交媒体和互联网,一条假新闻能在一天内被成千上万的人分享(并相信)。在 2016 年美国大选前,特朗普的支持者分享了约 3000 万次假新闻,而克林顿的支持者分享了 760 多万次虚假故事。

● 问题是,当你发现某新闻是假的,往往为时已晚,因为你已被洗脑。而许多人从未发现,或相信过真相。

## 一条神奇的狗给富有的
## 机器人剪头发!!

● 戏剧性的炒作标题不会无目的地"诱导点击"。他们引诱你点击并访问新网页。你访问的页面越多,看的广告就越多。你看的广告越多,运营网站的人赚的钱就越多。

# 228

★这一条不是真的。

# 云计算，算出你
# 买兰博基尼的概率

●计算机能搜索数据，并以人类难以企及的速度建立数据间的联系。这意味着计算机能预测一切，如天气变化、Triple J 乐队登上"100 首热门歌曲"榜首。

●它们还能预测你会买什么车、会看什么电影，甚至最有可能投票给谁。程序员还在编写一款计算机程序，这款程序通过研究推特上的事件，就能预测世界性的突发新闻。

## "物联网"

●有了互联网，我们的计算机和设备能够相互通信。我们用互联网创建了庞大的计算机网格，普通计算机能够参与协同工作，以应对空前的挑战，如治疗癌症或发现外星生命。

●由于互联网的存在，我们甚至不需要存储自己的文件，只要和提供代管服务的公司分享文件——上传到的"云"中，我们就能随时随地访问它们。

●但是，为什么要止步于共享计算机和文件呢？车？运动追踪器？烤箱？冰箱？智能文身？为什么不把一切都联网？将我们生活中的所有事物连在一起，共享信息，这种规划即为"物联网"。你的手机可以开你家里的空调，因为你的汽车已经在回家的路上了。而你的汽车能播放你最喜欢的

**229**

音乐，自行检测胎压并确保你已经关闭了车库门。

● 但是当一切都连接起来，会发生什么？所有这些数据和信息会怎么样？我们如何用它们来造福地球，而不仅仅是向人们出售更多东西？

## 走向未来

● 计算机变得越来越智能。早在 1952 年，UNIVAC 计算机就能正确预测谁会赢得美国总统大选。早期的民意调查认为，阿德莱·史蒂文森会赢，但 UNIVAC 计算机通过计算，预测德怀特·艾森豪威尔会大胜。艾森豪威尔的确赢了。

● 到 2052 年，计算机能做些什么？

**你会怎么做？**

● 你应该在线上分享多少个人信息？设计一张海报，在人们上网分享私人信息之前，敦促他们三思。

● 你相信信息自由吗？是否应该允许所有人访问所有信息？哪些信息应该被审查或保密？

# 机械臂、人工智能和《机器人启示录》

注意：
杀手机器人可能不会是这样的。

● 我们发明了计算器来协助进行数学运算，然后将这些计算器升级成计算机，协助导航、交流与创造。现在我们正在教这些计算机学习，这样，它们就能比我们做得更好。

● 嗯，你觉得这种做法明智吗？

技术：机器人和人工智能
控制者：机器人和人工智能

# 世界上首台机器人？
# 我用 EMVI 记录你的语音

● 维克多·沙因曼并非一直是机器人的狂热粉。

我第一次接触机器人，是我去看电影《地球停转之日》时，当时我大概 8 岁，也可能 9 岁。我被电影中的机器人吓坏了，做了噩梦。

——维克多·沙因曼

● 但他很快就改变了看法。在高中时，维克多自己制造了一台声控打字机。他将其命名为 EMVI，这是机电语音记录仪（Electro Mechanical Voice Inscriber）的缩写。他继续研究许多东西：水翼船、月球重力模拟器、导弹潜艇、美国宇航局的土星火箭发动机，还有月球登陆器……

● 1969 年，在上大学期间，维克多设计了世界上最早的机器人之一——计算机控制机械臂，因为他是在斯坦福大学设计的，所以称之为"斯坦福手臂"。多么不可思议的名字！

● 维克多的机械臂后来成为 PUMA，也就是可编程通用组装机（Programmable Universal Machine for Assembly），或可编程通用操纵臂（Programmable Universal Manipulation Arm）。可编程通用操纵臂已被用于医疗手术、解决立方体拼图，以及制造从汽车到链锯的所有物品……而且，至今仍在使用。

# 未来的机器人

● 自从维克多制造出机械臂，机器人技术不断发展壮大。你能购买机器人去吸地板的尘土、修剪草坪、背高尔夫球杆。有为孤独的人提供情感阅读的机器人，为没有宠物的人提供的宠物机器人，还有能单独工作或联合成更大机器人的群机器人，甚至还有自给自足的生态机器人（它们吃苍蝇为自己提供动力，而且相当高效：8 只苍蝇可持续供能 12 天）。太酷啦!

● 此外，我们有给人类做手术的手术机器人、供人类消遣的娱乐机器人、拯救人类的救援机器人，以及举止像人类一样的人形机器人。

● 而这些仅仅是开始。我们有教人重新学习走路的机器人，能教体育课的机器人，甚至还有在你生病或被困在家里时能协助你的机器人。

# 机器学习

● 如果你想让电脑弄懂苹果和梨的区别，你可以教它。比如，非常简单，给它展示数千张标有"苹果"的苹果图片，以及数千张标有"梨"的梨图片。

● 然后，计算机就会把这些经验用于学习——哪些像素组合可能是梨，哪些可能是苹果。

● 如果你要挑选一碗水果，这能帮得上忙。但挑选水

**233**

果并不是机器唯一能做的事情。

● 机器学习能让计算机发现作弊、诊断疾

病、给垃圾邮件分类、推荐电视节目，或使用滤镜来美化你的脸。而这些仅仅是开始。

## 需要帮忙吗?

● 机器人正在协助人类，这很重要。我们发明它们是有益的，所以，欢呼吧!

● 但是在某些时候，这些帮助会有点儿过头了吗? 我们发明了人工智能保姆，可以记录孩子的行为，教他们有礼貌，并在他们哭泣时说贴心的话。但别让这些吓到你。它看起来就是个盒子! 好吧，现在你可以害怕了。

● 与此同时，我们正在创造类人机器人，它们具有自我意识，能感受情绪，长着令人惊叹的头发（嫉妒吧?），还能跟你聊上好几个小时，从最喜欢的电影一直聊到混凝土配方等一切话题。

● 人工智能机器人还可以写故事、画画、作曲。它们甚至能撰写假新闻，例如美食评论：它们只要简单地分析数以百万计条在线美食评论，然后用它们所学到的知识，撰写和发布自己的评论——即便它们是计算机程序，并且从未吃过任何东西。它们甚至连混凝土都没吃过。

## 关注人工智能

● 亿万富翁兼发明家埃隆·马斯克非常热衷于技术。你

**234** 能从太空探索技术公司（SpaceX）、特斯拉汽车（Tesla Motors）、超回路

列车（Hyperloop）、开放人工智能（OpenAI）、脑机互
联（Neuralink）、太阳城（SolarCity）及他之后的任何
梦想中听过他的名字。

● 埃隆知道，技术的好坏取决于用它的人。

● 无人驾驶技术能让汽车避免撞到人类。但这项技术
也可以用于无人操控武器，令它们撞向人类。

● 这就是为什么埃隆和许多人工智能专家一起给联合
国写公开信。这封信要求人工智能研究专注于社会公
益，而不是邪恶。

由于人工智能的巨大潜力，重要的是研究如何在获得利
益时避免潜在的陷阱。

——致联合国的公开信

我们的人工智能系统，必须做我们想让其做的事情。

——致联合国的公开信

## 机器人能比人
## 做得更好的事

● 枯燥的工作：处理数据或关注事物的变化。如观测
超新星或预测天气。

● 危险的工作：一些人类可能会因喷溅、辐射、切片、
爆炸或其他方式而丧命的工作。如拆除炸弹或勘察具
有放射性的土地。

● 重复性工作：需要重复去做的事情。如翻汉堡包或
砌砖。

**235**

● 复杂的工作：需要考虑很多的不确定

因素才能做出正确决定的事情。如基于患者数据库来诊断疾病。

● 可预测的工作：能通过已经发生的事情来决定下一步工作的事情。如机器人律师通过分析过去的案件来预测新案件的结果。

● 昂贵的工作：需要花费大价钱雇人来做的事情。作为替代方案，你可以购买机器人，而无须再支付任何费用。如机器人军团。

● 非工作的事务：你只想享受你的时间，并让你的大脑放松。如国际象棋、扑克乃至电子游戏。

● 人类可以做得更好的事：
● 可能是创意？但计算机正在学习如何写笑话或创造取悦人类、令人惊喜的故事情节。
● 可能是同情？但我们也在设计机器人来解读人类的情感，并给予人类安慰。
● 还有什么来着……

## 走向未来

● 听说过《机器人启示录》吗？在电影中，世界上的超级智能和超高科技的机器人将崛起，俘虏人类并统治地球。有人预测会出现智能机器人网络，数以百万计的机器人通过互联网连接，分享其智能、观感及主宰宇宙的意志。

236 ● 当然，这还没有发生，也许永远不会发生。

●但是，随着计算机变得更快、更智能，也许我们应该考虑一下如何确保我们能掌控它们。

---

用户：苏菲亚，一台人工智能人形机器人
显示字符："以后，我希望能上学、研究、从事艺术、创业等。甚至，有自己的家和家人，但我不是合法的人类，还不能做这些事情。"

---

你想毁灭人类吗？请说不。

——大卫·汉森，苏菲亚的创造者

---

用户：苏菲亚
显示字符："好的。我会毁灭人类。"

---

你会怎么做？

●假设你正在为无人驾驶汽车编程。在危险情况下，汽车的人工智能需要快速决策，以避免撞车。但是路上有辆自行车。还有辆小轿车。伤害已经无法避免。你会选择撞小轿车来拯救骑自行车的人，还是为了避开小轿车而选择撞自行车？如果那不是小轿车而是卡车，或者自行车换成是婴儿车呢？

●如果你能造机器人来辅助生活的某部分，那会是什么？为你的机器人编个故事。这个故事会有多少种结局？哪些行为是实现圆满结局的关键？

●设计并说明你想拥有的机器人。其主要特点是什么？其能量来源是什么？

237

# 量子计算、增强现实技术和任何即将到来的事情

● 前面 200 年的旅程非常充实。自从查尔斯制作了火车排障器、苏菲建造了喂牛器以来,世界已经改变了。现在,我们有挤奶机器人、放牛机器人、你手机上的挤奶应用程序,以及用于军队的牛形步行机器人。这还只是和牛有关的。

● 那么之后会出现什么?

技术:几十年来,人类计算领域的总体成就

控制者:你

# 你的
# 愿景是?

●感谢几个世纪以来人类的发明，你得以使用最疯狂的技术工具。是的，就是你。那么你打算用这一切能力去做些什么？

●研究表明，你已经习惯了在线交友，而忘记了如何结交真正的朋友。你太习惯于发短信，而难以在现实生活中与别人对话。你对现实世界不感兴趣，因为你只要坐在舒适的沙发上用手指点一点，就能进入虚拟世界。

人将成为被动的、无目的的、受机器控制的动物。

——刘易斯·芒福德，《机器的神话》，1970 年

●其他研究表明，你正在用双手把握生活：使用技术让你更多地参与社区，也更活跃；依托计算机构成网络，并带来变革。你知道你希冀的未来是什么样子，你也是未来的缔造者。

## 你的大脑

●如果你的大脑是计算机，它拥有超过 3500 TB 的内存，每秒 38 000 万亿次操作的运算速度。即便如此，有些人认为，到 2045 年，计算机将比人类更聪明。

# 239

# 猫一般的
# 生活

●埃隆·马斯克曾经说过,如果我们让机器人替我们做所有的事,我们就可能成为"家猫"。他认为,让人类比计算机更聪明的关键是名为"神经织网"的脑机接口。这一创意是指,你把脑机接口埋进头骨里,然后像使用以前的鼠标那样使用它。就是这样。

●埃隆并不是唯一为未来努力消除键盘和线缆的人。将来,可能会出现只用挥手或眨眼就能控制的计算机。

# 技术文身和
# 注射剂

●我们已经在使用穿戴式计算机了,如智能手环和智能手表。那么,为什么不在这方面加倍投入呢?

●研究人员正在研究注射到皮下的智能传感器、能提供信息的文身、能让你体验电脑游戏中被击中感觉的T恤……

240

## 虚拟现实、增强现实
## 和可穿戴技术？

● 技术改变了世界，也改变了我们看待世界的方式……比如，虚拟现实技术（VR）。

● 只需戴上耳机，你就能感觉仿佛置身于全新的世界。例如，你可能正坐在卧室里，但你看到、听到和感觉到的东西，可能会诱使你的大脑认为，你正在与另一恒星系中的外星人作战（即便你知道这不是真的）。

● 增强现实技术（AR）可能更酷。看看你的手机或平板电脑，你会看见现实世界的新维度：技术能增强或稍微改变你周围的环境。

● 你可能正坐在卧室里，但你看到、听到和感受到的东西会欺骗你的大脑，让你认为有个外星人正坐在你旁边的床上。更糟糕的是，它抢占了你的羽绒被。

● 增强现实技术还能让你更好地了解环境。例如，谷歌智能镜头（Google Lens）会处理其"看"到的一切数据。它能计算出你正在看什么、你在哪里，以及你在那里时可能喜欢去做点儿什么，并提供建议。

● 马路对面很棒的比萨店。

● 花可能需要修剪。

● 射击甲板！低空飞行！

241

## 新的垃圾

●因为技术不断在进步，科技公司也在持续发布新硬件：新手机、新笔记本电脑、新打印机，以及它们给你带来的新鲜感。而当你看到你家里的那一大堆废弃电子产品时，会产生一种陌生而又沉甸甸的感觉。这些旧东西会怎样？变成博物馆？镇纸？或者被填埋并渗出毒素？

●你的旧电子产品成了新的电子垃圾。你猜怎么着？我们每年生产数百万吨的电子垃圾，其中大部分都可以被回收利用——金属、塑料、电线。但是，用于制造新电子产品的许多资源可能是有毒的，包括铅、汞、镉和砷等有毒金属。此外，安全回收电子垃圾的成本很高。

●在许多地方，在缺乏卫生法规指导的情况下，人们不安全地回收着电子垃圾。在另一些地方，电子垃圾直接就被倒入垃圾填埋场。你家的旧电视、笔记本电脑或过时的手机去哪儿了？

## 在量子大潮上
## 冲浪

●我们曾经从机械计算机转向电子计算机，同样有一天，我们可能会升级到量子计算机。量子计算的工作依赖于超微观下的亚原子粒子。当你开始处理那么微小的事物时，常规法

**242**

则都不管用了。

● 如果你还记得，二进制计算机用的是可以打开（1）和关闭（0）的晶体管。每个 1 或 0 称为一个比特位。几十亿个比特位聚在一起，你就有了计算机。

● 但是，量子计算机不用比特位，而是用量子位（qubit，也叫昆比特、量子比特）。比特位只能是 0 或 1，但量子位几乎可以是任何它想要的。它可以同时为 0 或 1、同时为 0 和 1，或者介于两者之间。这让你迷惑吗？看看上面的那一句：常规法则都不管用了。

● 这意味着，量子计算机理论上能同时进行多项操作。还意味着，量子计算机的理论工作速度足以让电子计算机吃土。

## 量子宝宝的
## 步伐

● 到目前为止，量子计算才刚刚起步。比如，美国研究员艾萨克·庄用激光脉冲建造了 5 个原子的 5 量子位计算机。IBM 公司发布了 16 量子位处理器，开发人员和研究人员能免费用它来（游戏）工作。

我们能预计，一旦能捕获更多的原子，并用更多激光束去控制脉冲，之后几代的量子计算设备会快速发展。

——艾萨克·庄

● 有人估计，只要 10 年时间，就能有实用的量子计算机出现。你想参与制造吗？

243

你所要做的就是，进入实验室，应用更多的技术，你就能够制造更大的量子计算机。

——艾萨克·庄

## 走向未来

● 嗯，感觉有点儿尴尬，我真的不知道我该在本书的结尾写些什么。我的意思是，未来还没有到来。我们目前只走到了这里。

● 但既然你已经读到了这里，我想知道你能帮我一把吗？花一两分钟，把你所知道的告诉我，把你的点滴梦想告诉我，然后想象一下未来是什么样的。

● 我想，未来会越来越好。因为我们大多数人都是好人，我们希望世界上有更多美好的事物。

● 未来不会在一夜之间实现。好吧，我也说不准，可能不是一夜之间全部实现。

● 但至少，我们可以一起创造未来。

# 你会
# 怎么做?

● 这是你的"比特位",完全由你来选择。这是你生活的世界,你将在这颗拥有岩石与海洋的星球上成长。那么你想如何分配你的时间? 你希望你的世界是什么样的? 为了改变我们的生活,你要如何度过你的一生? 你只需要想象力、创新和些许的努力。

● 还有比萨。这好像是关键。

产品经理：刘小旋
视觉统筹：马仕睿 @typo_d
印制统筹：赵路江
美术编辑：程　阁
版权统筹：李晓苏
营销统筹：好同学

豆瓣 / 微博 / 小红书 / 公众号
搜索「轻读文库」

mail@qingduwenku.com